规模养殖场口蹄疫综合防控技术与示范

刘湘涛　王功民　张　强　主编

中国农业科学技术出版社

图书在版编目（CIP）数据

规模养殖场口蹄疫综合防控技术与示范 / 刘湘涛，王功民，张强主编. —北京：中国农业科学技术出版社，2010.7
ISBN 978-7-5116-0215-2

Ⅰ.①规… Ⅱ.①刘…②王…③张… Ⅲ.①养殖场-动物疾病：口蹄疫-防疫 Ⅳ.①S855.3

中国版本图书馆 CIP 数据核字（2010）第 116122 号

责任编辑 刘 建
责任校对 贾晓红

出 版 者 中国农业科学技术出版社
北京市中关村南大街 12 号 邮编：100081
电 话 (010)82106638(编辑室)(010)82109704(发行部)
(010)82109703(读者服务部)
传 真 (010)82109709
网 址 http://www.castp.cn
经 销 者 新华书店北京发行所
印 刷 者 北京科信印刷厂
开 本 787 mm×1 092 mm 1/16
印 张 11.5
字 数 300 千字
版 次 2010 年 7 月第 1 版 2010 年 7 月第 1 次印刷
定 价 45.00 元

编　委　会

主　　编　刘湘涛　王功民　张　强

编写人员　（按姓氏笔画排序）

才学鹏　马世春　马军武　王永录
王君伟　卢曾军　白玉坤　丛国正
吕立新　朱海霞　向　华　李金海
李　健　吴志明　吴国华　吴　威
何孔旺　何继军　余　勇　邹兴启
张文龙　张　东　张志诚　张润祥
张银田　张鲁安　陈代平　陈华林
陈　涓　陈　斌　尚佑军　赵启祖
高明春　郭建宏　窦永喜　蔡建平
樊航奇　颜新敏

本书由

中国农业科学院兰州兽医研究所

动物疫病病原生物学国家重点实验室

国家科技支撑计划项目 2006BAD06A17

资助出版

序

畜牧业生产方式与动物疫病发生和传播密切相关，也与疫病预防与控制密切相关。从国外畜牧业现代化的发展历程和我国畜牧业的发展状况来看，规模化、标准化和集约化是现代畜牧业的主要标志，也是未来我国畜牧业发展的必由之路。标准化规模养殖便于集中采取动物防疫的各项生物安全措施，更容易及时控制疫病。

自 1897 年德国科学家 Loeffer 和 Frosch 发现第一个动物病毒——口蹄疫病毒以来，人类与口蹄疫的斗争已有上百年的历史。我国政府历来重视口蹄疫的防控工作，我国科技工作者经过多年的研究，已经研制出一系列防控口蹄疫的技术。就技术水平而言，目前我国拥有的口蹄疫防控技术与发达国家并无太大差别。以口蹄疫疫苗为例，目前全世界使用的基本上都是灭活疫苗，其统一效检标准为 3．0PD50，我国执行此标准控制疫苗质量已有多年，疫苗产品的质量完全可以达到国际标准。其他技术产品如诊断检测试剂类，我国拥有 OIE 推荐的几乎所有的技术方法。参加世界口蹄疫实验室检测能力比对试验的结果表明，我国的诊断试剂和检测能力属于中上，个别产品还处于前列。

把现有技术进行优化集成并推广应用，是提高我国口蹄疫防控水平的有效途径。国家“十一五”科技支撑计划口蹄疫综合防控技术集成与示范项目组编写的《规模养殖场口蹄疫综合防控技术与示范》一书，结合我国实际情况，系统地集成了我国现有的口蹄疫防控技术，对规模养殖场管理和重大动物疫病的防控，对促进畜牧业标准化、规范化和产业化生产，提高畜产品质量安全水平和国际竞争力，都具有重要的参考价值。

于康震

二〇一〇年六月

前　　言

口蹄疫是世界动物卫生组织（OIE）规定的危害最严重的动物疫病，该病危害大，消灭难，影响和威胁我国畜牧业的持续发展，因此控制和消灭口蹄疫一直是我国动物防疫工作的重中之重。

目前，我国每年的猪、牛、羊总饲养数高达18亿头（只）以上，其中，猪和肉牛的规模化养殖率为30%，奶牛的规模化养殖率为60%，羊的规模化养殖率为40%。随着现代畜牧业的发展，畜牧业生产方式将逐步从传统的、分散的、家庭式的小规模养殖向规模化、集约化、标准化和产业化的大生产方式转变，规模化养殖将占据我国畜牧业的主导地位。当前我国规模化养殖中普遍存在口蹄疫防控体系不完善、监测技术和免疫技术不规范等问题，因此，降低规模养殖场口蹄疫暴发风险非常必要。

2006年，国家适时启动了《口蹄疫综合防控技术集成与示范》科技支撑计划项目，由中国农业科学院兰州兽医研究所，中国动物疫病预防控制中心，中国兽医药品监察所，东北农业大学，江苏省农业科学院，广东省农业科学院，四川省动物疫病预防控制中心等七家单位联合攻关，进行了规模养殖场口蹄疫综合防控技术的研究，并在东北、华北、西北、西南、华东等地建立了数个口蹄疫防控技术示范基地。

本书即依据该项目研究成果而编。本书介绍了规模场口蹄疫综合防控技术，包括口蹄疫发生传播特点和风险分析，规模养殖场生物安全防护体系、规模养殖场口蹄疫免疫、监测、净化技术，以及规模养殖场化验室建设等内容。由于我国各地养殖场气候地理条件差异很大，在口蹄疫防控中侧重点也不同，本书选择介绍了不同地区示范基地的管理措施。各地养殖场可根据各自的实际情况，参照相应示范基地的做法，选择参考适合于本地区、本养殖场的防控技术措施，完善和规范规模养殖场疫病防控技术体系，降低疫病暴发风险。

由于时间紧迫，水平所限，书中难免存在错漏之处，欢迎读者批评指正，也欢迎读者就书中的问题与我们进行探讨。

刘湘涛

2010年6月

目　　录

第一篇　规模养殖场口蹄疫防控技术

第二篇 规模养殖场口蹄疫防控技术示范

第一篇　规模养殖场口蹄疫防控技术

第一章　口蹄疫发生传播特点

口蹄疫是由口蹄疫病毒引起偶蹄动物的急性、热性、高度接触性传染病，以传播迅速、发病率高著称。临床主要表现为口、舌、唇、鼻、蹄、乳房等部位发生水泡、破溃形成烂斑。口蹄疫传播和流行时，不仅给国民经济造成严重损失，而且影响到国家的政治声誉和国际贸易，所以又有政治经济病之称。该病被世界动物卫生组织列为必须通报的多种动物共患传染病之一，我国列为一类动物疫病。

口蹄疫病毒属小核糖核酸病毒科口蹄疫病毒属，分为 O、A、C、Asia1、SAT1、SAT2、SAT3 七个血清型。根据中华人民共和国国务院第 424 号令《病原微生物实验室生物安全管理条例》，农业部《兽医实验室生物安全管理规范》和农业部第 53 号令《动物病原微生物分类名录》，口蹄疫病毒被列为一类病原微生物。人类与口蹄疫的斗争已有数百年的历史，但至今该病尚未在全球范围内得到控制和消灭。口蹄疫之所以难以控制和消灭并受到国内外广泛关注，是由该病的特点决定的。

1.1　宿主范围

口蹄疫的易感动物种类繁多，各种家养和野生偶蹄动物都对口蹄疫病毒易感，包括哺乳类 20 个科近 70 种动物，马属动物不感染口蹄疫。根据动物感染病毒的过程和机体反应特性，分为自然易感动物和人工感染动物两种类型。

（1）自然易感动物。

易感家畜有黄牛、水牛、奶牛、牦牛、犏牛、山羊、绵羊、骆驼、鹿、猪等偶蹄动物；易感野生动物有野水牛、野牦牛、大额牛、野猪、野鹿、长颈鹿、野骆驼、黄羊、岩羊、驼羊、獐、黑斑羚羊、捻角羚羊、大角斑羚、大象、貘、犰狳、灰色大熊、刺猬、海里鼠、大鼠、灰松鼠、黄鼬、褐家鼠、野灰兔等。

（2）人工感染的实验动物主要有小白鼠、豚鼠和鸡胚等。

未断奶的吮乳小白鼠和豚鼠对口蹄疫病毒敏感，但只有将病毒人工注射到皮下、肌肉或腹腔等部位，强迫感染才能发病。鸡胚人工感染病毒后通常在 2～6 天死亡。

（3）人类感染口蹄疫极为稀少，近 40 多年来尚无确凿的证据表明人能感染口蹄疫。

1.2　临床症状

口蹄疫发病动物的主要症状是精神沉郁、流涎、跛行、卧地，口、鼻、蹄和母畜乳头等无毛部位发生水泡，水泡破损后形成的溃疡或斑痂。

发病初期，动物往往出现精神抑郁、发热、流涎、跛行，特征性症状是口、鼻、蹄及乳房等无毛部位出现水泡，继而水泡破裂，形成溃疡、结痂，痂块脱落后形成斑痕。根据本病的特性和临床表现的延续性可分为急性和亚急性经过。急性经过持续一至数日，出现典型的临床症状；亚急性经过可持续2～3周，出现特征的临床症状，但往往不甚严重。在少数情况下，如外界环境因素不良（气压低、高温）以及机体抵抗力弱、病毒毒力强时，可呈现恶性经过，以高死亡率为特征。

临床上，动物发病的严重程度常因免疫程度、感染病毒量、病毒毒株和动物种类而不同，而且同种动物的不同个体之间也有差异，成年动物的死亡率较低，通常不超过5%，幼畜的死亡率则有时高达90%以上。

（1）牛。

牛自然感染后的潜伏期一般为2～7天，有时可达14天。牛口蹄疫的早期症状包括厌食、精神沉郁和发热，奶牛的产奶量突然减少等。病牛脉搏加快、结膜潮红，反刍减弱。

此后1天左右，口腔及周围、蹄部和乳房，哺乳母畜乳头上可能发现水泡。口腔中的早期病损最常在舌背面出现圆形、粗糙的白色隆起，随着渗出液的积聚，隆起增大，凸现于正常的舌面组织，使舌面凹凸不平，舌面形成的第一期水泡。一期水泡在舌尖和舌两侧面也较常见。

在形成水泡的急性病程中，口腔疼痛，感染牛的唇和下腭震颤，拒绝采食，分泌过量唾液，流涎症状明显，咂嘴声很响。在水泡破裂后出现最明显的临床症状，流涎更明显。常表现为口角域下唇边缘挂满白沫状口水或带血口涎。舌面上皮逐渐坏死，并在1～2天内破裂。水泡破裂后，舌面露出红色新鲜烂斑。用手轻拉，整个舌皮都会脱落。齿龈和唇黏膜水泡一般较小，如绿豆或指头大，破后形成局限性小烂斑，烂斑周围比较整齐。这时体温一般升高到40～40.5℃，稽留8～48小时，很少有稽留3～4天以上的。病牛呈现精神不振，反刍停止，食欲减退，饮欲增强，脉搏增速，鼻腔潮红，鼻镜干燥龟裂、闭口，开口时有吸吮音。口腔病损消退很快，一旦水泡破裂，血清纤维蛋白就开始填补其中，从病损的周边逐渐扩展至整个烂斑表面，大约经过4天整个创面被纤维蛋白组织覆盖，大约7天后几乎完成全部上皮的重新生成。经常出现水泡的部位还有鼻孔，鼻孔中的病损通常较小，愈合后表面形成结痂。

蹄部病变主要在蹄叉、蹄冠及蹄踵和趾间隙，开始时局部有热感，发红、微肿和疼痛，然后形成小水泡，继而融合为较大的水泡。水泡破溃较慢，多在1天以上，破溃时排出水泡液。水泡破溃后形成的烂斑损坏较深，修复较慢，其表皮常不完全脱掉而干燥形成硬痂，严重时，蹄匣脱落。病牛因蹄部疾患常行走艰难，有时肢部发抖、跛行，甚至站立时弓背，四肢向腹下缩拢，个别病例以腕关节支撑地面。

母牛罹病时，尤其是在泌乳期，乳头皮肤可产生水泡。怀孕母牛发生流产、死胎或分娩出带病的衰弱犊。患病牛死亡出现于发病后的第 7 ~14 天，新生犊牛呈最急性型经过时，不形成水泡，表现高热、极度衰弱、心脏活动紊乱，常见下痢，1 ~2 天后，多因心肌炎而死亡。

（2）猪。

猪的潜伏期为 2 ~3 天，个别情况下快者为 1 天发病，慢者为 14 天表现症状。猪口蹄疫早期的特征性症状是：跛行、发热、精神沉郁和厌食。蹄部表现为非常疼痛，病猪卧躺在地，不愿活动。如果强迫站立，病猪很可能蜷缩或者采取犬坐姿势。

触摸病猪蹄部发热和疼痛，最初蹄冠部皮肤发白，出现水泡，然后迅速扩展到蹄后部的球节处，继而延伸到蹄叉。水泡破裂后，留下红色的、裸露的、疼痛的烂斑。蹄部严重的病损可导致蹄的角质化层与真皮分离和蹄甲脱落（脱靴）。各种年龄的猪都可出现这种病症，仔猪尤其严重。病损的严重程度因环境条件的不同有所变化。在硬地面上饲养的猪的蹄部病损很可能比软地面或平铺垫土圈内的猪的严重些。

猪舌面病损没有牛的显著，通常在舌背面出现一个或几个苍白点。鼻镜部也可发生多个水泡。水泡也可能出现在乳头和乳房上，怀孕母猪可能流产。

（3）羊。

羊患病后，症状轻微，不易被察觉。特别是当水泡仅限于口腔黏膜时，由于水泡较小，有米粒至豆粒大小，又无其他明显的并发症状如流涎和咂嘴等，而且水泡迅即消失。但如仔细检查，仍可见舌上有小水泡，唇部发炎肿胀，有时颊部和咽部也发炎肿胀。

蹄部和牛相似，发生水泡时表现跛行，病羊不愿运动。发炎变化常蔓延至蹄小囊，从蹄小囊的输出管道可以挤出多量脓性干酪团块。在个别病例，乳房、阴户和阴道中也有小水泡。

羊羔的死亡率很高，死亡原因如其他动物的急性致死性感染一样，是由于心肌多点坏死造成的心脏衰竭。

1.3　传播方式

口蹄疫有多种传播方式和感染途径，不但可通过与病畜接触传播，还可通过含毒空气传播。气象条件合适时，病毒可向下风方向传播几十千米甚至上百千米的距离。

口蹄疫传播方式分为接触传播和空气传播，接触传播又可分为直接接触和间接接触。直接接触主要发生在同群动物之间，通过发病动物和易感动物直接接触而传播。间接接触主要指媒介物带毒所造成的传播，包括无生命的媒介物和有生命的媒介物。无生命媒介物包括病毒污染的圈舍、场地、水源、集贸市场、运输车辆和草场以及设备、器具、草料、粪便、垃圾、饲养员的衣物等。畜产品如病畜的肉、骨、鲜乳及乳制品、脏器、血、皮、毛等都是无生命的媒介体，均可以传播病毒引起发病。有生命的媒介物包括人和非易感动物（如鸟类、蚯蚓等）。人是传播本病重要媒介之一，牧场的工作人员、看管病畜的饲养人员、参观访问的人员、人工授精技术人员及兽医和畜牧人员等，他们与病畜接触后，在其衣服、鞋、帽、手等处带有来自病畜的病毒，这些带毒者可以携带病毒到任何距离的健康畜群。被病毒污染的手未经消毒再去检查牛的舌头是最容易传播病毒的接触性传染；在防疫时，口蹄疫病毒也可通过共用注射器传染。

口蹄疫病毒的空气传播方式对远距离的传播更具流行病学意义。空气中病毒的来源主要是病畜呼出的气体。病畜呼出的气体、圈舍粪尿、含毒污物等可形成含病毒气溶胶。如果相对湿度高于或等于60%，缺少或没有太阳辐射（夜间或有大雾），病毒在气溶胶中可以生存数小时，并且依赖对流和风可以把病毒携带到很远的距离。动物吸入具有传染性的气溶胶，或者是易感动物吃了被病毒污染的饲草或饲料而发生感染。自然感染口蹄疫的潜伏期一般较短，主要取决于感染病毒的量，病毒毒株和传染方式。如将易感动物和感染动物关养在圈舍内或运输车辆内，其潜伏期就较短，因为在这种情况下感染病毒量很高，并可能存在一种以上感染途径。

1.4　血清型及变异性

口蹄疫病毒有 7 个血清型，血清型间无交叉免疫现象，免疫防治等于面对 7 种不同的传染病。型内不同病毒株间的遗传变异可导致抗原差异，新变异株的出现，会导致一次新的疫情高潮，这给防控口蹄疫带来一系列艰巨而复杂的问题。

口蹄疫病毒有 7 个血清型，每个血清型内又有许多抗原性不完全相同的亚型，目前已鉴定了的亚型至少有：O 型 11 个，A 型 32 个，C 型 5 个，SAT1 型 7 个，SAT2 型 3 个，SAT3 型 4 个，Asia1 型 3 个。而每一个亚型内的不同毒株仍然存在着抗原性差异。由于在亚型鉴定中各国标准不统一造成了分类混乱，而且亚型也不能准确地说明毒株之间的抗原关系，加上分子流行病学研究方法的巨大进步，亚型的区分已不重要，人们更关心的则是疫苗毒株与流行毒之间的抗原关系。分析疫苗毒与流行毒的抗原谱关系，通过测定疫苗毒与田间流行野毒株间的抗原相关程度（r 值），来推测相应的免疫保护关系，评价疫苗毒的免疫覆盖率。r =（疫苗毒抗血清 + 被检毒中和效价）/（疫苗毒抗血清 + 疫苗毒中和效价）。按照国际标准，用细胞中和试验测定疫苗毒株与流行毒株的抗原关系，当 $r > 0.3$ 时，疫苗毒株适用于田间流行毒的防疫，当 $r < 0.3$ 时疫苗毒株不能用于防疫流行毒株；用 ELISA 测定疫苗毒株与流行毒株的抗原关系，当 $r > 0.4$ 时，疫苗毒株适用于制造疫苗，$0.2 > r < 0.4$ 时，疫苗毒也可以用于制造疫苗，但必需注意质量，当 $r < 0.2$ 时，该疫苗毒不适用抵抗流行毒株，必须另外选择疫苗毒株或用流行毒株制造疫苗。

1.5　感染性和致病力

口蹄疫病毒的感染性和致病力特别强，少量病毒就会引起易感动物感染。牛只要吸入 10 个感染单位就可发病，而病畜的排毒量又特别大，病猪每天仅从呼吸道排出的病毒就高达 10^8 个感染单位。也就是说，一头病猪一天呼出的病毒如全被牛吸入，可使 1 千万头牛发病。口蹄疫的潜伏期短，发病急，动物感染病毒后最快十几小时就可发病排毒。病畜的任何部位，包括皮肤都可排毒，病畜排到环境中的病毒，相对来说又有较强的抵抗力和存活力。

口蹄疫病毒的感染性和致病力差异取决于易感动物种类、病毒毒株和感染病毒剂量等。不同的毒株对不同动物的感染性和致病力有所不同。

1.6　免疫原性

与其他动物病毒相比，动物机体对口蹄疫病毒的免疫应答程度较低，免疫持续期也较短。

1.7　持续感染

反刍动物持续感染和带毒是一个潜在的、引发未来疫病暴发和在流行的重要病毒传染来源。

被口蹄疫病毒感染过的反刍动物会成为不表现临床症状（持续感染）的带毒动物。世界动物卫生组织（OIE）将感染 28 天后仍能从食道—咽喉部（Oesophageal/Pharyngeal，O/P）刮取物中检测到病毒的动物称之为持续感染带毒者，这种感染现象称之为持续感染。

口蹄疫病毒感染动物后可在局部存活，家畜中牛是最常见的带毒者，绵羊和山羊也能成为带毒者，以前人们认为猪不是带毒者，但最近有人研究表明，猪也可带毒。一些康复的牛、水牛、绵羊可长期带毒。口蹄疫病毒在牛咽喉部可持续带毒 2 年以上，绵羊和山羊带毒长达 9 个月。另外，免疫后的动物再接触病毒后也能形成持续感染。

口蹄疫病毒持续性感染是病毒与机体相互之间的一种特殊而复杂的关系，经常表现为：（1）持续性感染的病毒在适当条件下被激活后引起急性发作；（2）病毒与抗体形成抗原抗体复合物，沉淀在血管基底膜等部位，引起肾小球性肾炎等，或因致敏淋巴细胞或浆细胞浸润引起实质细胞坏死等多种免疫病理性疾病；（3）由于病毒及病毒核酸的长期存在及整合性感染可能使原癌基因激活，导致肿瘤形成；（4）持续性感染动物经常或反复不定地排出感染性病毒，从而使病毒在动物群中长期存在。

口蹄疫的上述特点给该病的控制与消灭增加了难度。

第二章　养殖场口蹄疫发生风险分析

动物饲养数量和密度、动物及其产品流动、人员和物品流动、气候与环境等是影响口蹄疫疫情发生与扩散的风险因素。了解口蹄疫发生传播特点，进行口蹄疫发生风险因素分析，有利于有效利用资源，有针对性地采取有效地预防控制措施。

2.1　养殖场口蹄疫发生风险因素

传染病的流行过程由传染源、传播途径和易感动物三个环节组成，缺少其中任何一个，传染病的流行即被终止。从影响传染病传播的三个环节和口蹄疫发生传播特点分析，影响口蹄疫发生的风险因素，主要包括 6 个方面的风险因素，16 个子风险因素，见表 2－1。

表 2－1　养殖场口蹄疫发生的风险因素

疫源因素	饲养模式	交通贸易	气象因素	地理因素	动物免疫
1）该地区以前疫情 2）养殖场周边地区目前疫情	1）养殖密度 2）饲养管理方式 3）畜禽粪便处理	1）贸易的规模、数量、频密程度 2）检疫力度 3）隔离、消毒措施	1）温度 2）日照时间与辐射强度 3）湿度	1）自然隔离的地质条件 2）与居民区、屠宰场、其他养殖场的隔离情况	1）免疫密度 2）免疫持续期 3）野生动物

口蹄疫发生原因中，病畜及带毒产品移动传播所占比例最高，带毒畜、非易感动物、人可作为中间介质传播，空气和水源传播也占一定比例。

综合口蹄疫发生和传播的特点，带毒物品和带毒动物的移动是养殖场可能感染口蹄疫的主要因素。养殖场口蹄疫感染性因子的可能来源有：

（1）口蹄疫感染动物；

（2）感染动物的尸体、组织；

（3）感染动物的排泄物、分泌物；

（4）动物源性制品、食品；

（5）被病毒污染的任何物体，包括圈舍、饲料、垫料、水、空气、土壤、工具、车辆、工作人员的鞋帽、衣物等；

（6）与病毒接触过的人员；

（7）野生动物。

2.2　养殖场口蹄疫发生风险分析

2.2.1　口蹄疫病毒稳定性

口蹄疫病毒对高温、紫外线、酸碱敏感，但在适宜环境中有很强的抵抗力。

（1）温度。

存在于有机物如粪便、鼻液、泪水、唾液、尸体中的病毒能存活很长时间，如果再加上低温，病毒的存活时间会更长。在低温下口蹄疫病毒十分稳定，病毒在4～7℃可存活数月，－20℃以下，特别是－50～－70℃十分稳定，可保存数年之久。口蹄疫病毒对热敏感，在26℃能生存3周，37℃可存活2天，58℃40分钟，70℃10分钟或85℃1分钟均能杀灭病毒（表2－2）。

表2－2　温度对口蹄疫病毒存活的影响

温度（℃）	灭活时间
37	48小时
58	40分钟
60	15分钟
70	10分钟
85	1分钟

（2）酸碱。

口蹄疫病毒的RNA对酸（pH4.0）稳定，但病毒粒子对酸碱都特别敏感（表2－3）。当在4℃环境时，口蹄疫病毒在pH6.5缓冲液中，每14小时就被灭活90%；在pH5.5缓冲液中，每一分钟就被灭活90%；在pH5.0时，每一秒钟就被灭活90%；在pH3.0缓冲液中，口蹄疫病毒感染性瞬间消失。口蹄疫病毒对碱也很敏感，在pH9.0以上迅速被灭活，1%～2%氢氧化钠或4%碳酸钠都能在1分钟内使其灭活。在pH7.2～7.6时口蹄疫病毒稳定性较强。

表2－3　pH值对口蹄疫病毒存活的影响

pH值	灭活时间
2	1分钟
4	2分钟
5.5	30分钟
5.8	18小时
12	2.5分钟
13	2.5分钟

（3）光照。

紫外线能使病毒 RNA 的尿嘧啶形成二聚体，致使口蹄疫病毒迅速被灭活。

在自然条件下，口蹄疫病毒失活主要是温度和阳光中紫外线共同作用的结果。电离辐射均可使病毒灭活。可见光对病毒的作用很弱，但预先若有染料进入口蹄疫病毒衣壳内与病毒核酸接触，再经可见光照射，能使病毒核酸结构破坏而被灭活。

（4）酶。

胰蛋白酶、胰凝乳蛋白酶等蛋白酶可以破坏病毒表面结构降低病毒感染性，但不能灭活病毒。DNA 酶对口蹄疫病毒没有灭活作用。RNA 酶可通过分解病毒核酸而使其灭活；低浓度，短时间作用时，病毒 RNA 不会受影响。

（5）超声波。

超声波对口蹄疫病毒没有明显的作用，除非大剂量，长时间作用。

（6）脂溶剂。

口蹄疫病毒不含囊膜，因此对脂溶剂（如乙醚、氯仿、丙酮、三氯乙烯等）有抵抗力。

（7）蛋白变性剂。

蛋白变性剂和十二烷基硫酸钠能破坏口蹄疫病毒衣壳，因此常用于病毒核酸提取和结构蛋白分析；TritonX-100，司班（span）、吐温（tween）和脱氧胆酸钠能破坏脂质，而对病毒衣壳蛋白有稳定作用。尿素、NP-40 等不能直接破坏口蹄疫病毒，但它们能破坏氢键和疏水键，可用来防止裂解后的蛋白“粘连”。1 摩尔/升的 $MgCl_2$ 能促进热对口蹄疫病毒的灭活作用，而 Ca^{2+} 却是口蹄疫病毒感染细胞所必需。

2.2.2 动物传播口蹄疫风险

根据各类动物是否是自然易感动物，有无传播口蹄疫的证据以及是否带毒等情况，对动物进行传播口蹄疫进行风险定级（表2－4）。其中，人短时间上呼吸道带毒和机械性传播口蹄疫病毒在口蹄疫防控工作中不容忽视。

表2－4 动物传播口蹄疫风险等级表

动　物	说　　明	自然易感/实验感染	能否传播口蹄疫	带毒期	风险等级
		偶蹄目牛科哺乳动物			
羚羊	—	自然	能	—	高
野牛	—	自然	不详	—	中
非洲水牛	易感性次于牛	自然	能	5 年	高
水牛	表现临床症状	自然	能	—	高
家牛	表现临床症状	自然	能	2.5 年	高
牦牛	表现临床症状	自然	能	1 年以上	高

（续表）

动　物	说　　明	自然易感/实验感染	能否传播口蹄疫	带毒期	风险等级
偶蹄目牛科山羊亚科哺乳动物					
山羊	表现临床症状	自然	能	9月	高
绵羊	表现临床症状	自然	能	9月	高
偶蹄目驼科哺乳动物					
羊驼	表现临床症状	自然	能	—	高
骆驼	表现临床症状	自然	能	35天	高
麋	表现临床症状	自然	能	—	高
狍	表现临床症状	自然	能	—	高
梅花鹿	表现临床症状	自然	能	—	高
麝	—	自然	不详	—	中
偶蹄目猪科哺乳动物					
家猪	表现临床症状	自然	能	—	高
野猪	—	自然	不详	—	中
疣猪	表现临床症状	自然	不详	—	中
其他偶蹄类动物					
长颈鹿	表现临床症状	自然	不详	—	中
食肉动物					
猫	易感性较低	自然	—	—	中
犬	易感性较低	自然	—	—	中
狐狸	易感性较低	自然	能	—	高
灵长目					
人	—	自然	—	36小时	高
猴	不表现临床症状	实验	不能	—	低
啮齿目					
豚鼠	—	实验	—	94天	低
仓鼠	—	实验	—	—	低
小鼠	表现症状	实验	—	—	中
灰松鼠	易感性低	自然	—	—	中
田鼠	易感性低	自然	—	—	中

（续表）

动　物	说　　明	自然易感/实验感染	能否传播口蹄疫	带毒期	风险等级
		无脊椎动物			
蚯蚓	机械性传播	自然	能	—	中
舍蝇	机械性传播	自然	—	10 周	高
蜱	不表现临床症状	自然	能	15～20 周	高
		其他动物			
蝙蝠	表现临床症状	实验	不能	—	低
猬	表现临床症状	自然	能	—	高
兔	—	实验	—	—	低
鸡	—	实验	—	—	低
蛙	不表现临床症状	实验	不能	—	低
蛇	不表现临床症状	实验	不能	—	低
八哥	不表现临床症状	自然	能	粪便：26 天 体外：91 天	高
龟	不表现临床症状	实验	不能	—	低

“—”：表示不能传播、不带毒或没有确切数据资料。

2.2.3　动物源性产品传播口蹄疫风险

动物源性产品因加工方式、贮存条件等因素，有可能带毒并传播口蹄疫。根据产品的加工贮存条件，病毒存活时间，对一些动物源性产品进行传播口蹄疫风险定级（表2－5）。皮革、羊毛、牛精液、牛骨髓、黄油、乳酪、肠衣、猪淋巴结、牛舌等为传播口蹄疫高风险动物源性产品。

表 2－5　动物源性产品传播口蹄疫风险等级表

产　品	说　明	加工或贮存过程	病毒存活时间	风险等级
牛胚胎	暴露体外的胚胎有病毒	冲洗胚胎	无	低
皮革	—	green-salted，15℃	90 天	高
		green-salted，4℃	352 天	高
		盐制和氯化，15℃	4 周	高
		风干，20℃	6 周	高
		盐制和风干	4 周	高

（续表）

产　品	说　明	加工或贮存过程	病毒存活时间	风险等级
厩肥牛	粪便	夏季	1 周	中
		冬季	24 周	高
		水 12～22℃	6 周	高
		冷冻≤1℃	180 天	高
牛垂体制剂	—	1～7℃	>30 天	高
牛精液	接触病毒后 42 天的精液	冷冻 -50℃	320 天	高
猪精液	—	—	—	低
羊毛	—	环境温度	20 天	高
咸肉	—	盐制 1～7℃	10 天	中
		盐制	183 天	高
牛肉	碎	尼龙管 63℃	能	中
		尼龙管 79.4℃	不能	低
	整块	冷藏 4℃	3 天	中
		冷冻 -20℃	3 月	高
		快速冷冻，没有成熟期	8 月	高
血（牛）	—	盐制肉品	50 天	高
		凝结冷藏 4℃	4 月	高
		55℃15 分钟	能	中
		60℃2 分钟	不能	低
牛骨髓	—	胴体冷冻	73 天	高
		1～4℃	30 周	高
猪骨髓	臀部或肩部	—	169 天	高
	—	1～7℃	6 周	高
酪乳	病毒存活时间	93℃发酵 15 秒，4℃冷藏	4 月	高
酪蛋白	—	—	14 天	高
干酪	病毒存活时间	25℃冷藏	6 周	高
		—	2 月	高
黄色乳酪	—	发酵 60 天	能	中
		发酵 120 天	不能	低
乳酪	—	93℃15 秒	能	中
火腿	—	—	16 周	高
绵羊肠衣	—	净化盐制 4℃冷藏	14 天	高

（续表）

产　品	说　明	加工或贮存过程	病毒存活时间	风险等级
猪肠衣	—	—	14 天	高
		4℃盐水 24 小时	250 天	高
		0.5%乳酸 5 分钟	不能	低
牛淋巴结	—	盐制	50 天	高
		1～4℃	120 天	高
		盐制和柠檬酸制冷藏和冷冻	不能	低
		罐装牛肉加热至 115F	不能	低
猪淋巴结	—	1～7℃	10 周	高
肉丸	含蛋白、盐和其他调料	尼龙管中 93.3℃	不能	低
牛乳	全乳或脱脂乳	72℃300 秒	能	中
		110℃30 秒	能	中
		110℃180 秒	不能	低
		120℃30 秒	不能	低
		138℃2.5 秒	能	中
		148℃3 秒	不能	低
		4℃冷藏	6 天	中
		干燥	2 年	高
猪肉	肌肉组织	1～7℃	<1 天	中
		冷冻	>55 天	高
牛胃	—	4℃冷藏	4 月	高
香肠（干）	—	—	<56 天	高
香肠	猪肉	盐制 1～7℃	4 天	中
肉汤	动物组织熬制	70℃25 分钟	不能	低
牛舌	—	－50℃冷冻	11 年	高
酸乳清	—	72℃15 分钟（pH4.6）	不能	低
甜乳清	—	72℃15 分钟（pH4.6）	能	低

“—”：表示无确切数据资料

2.2.4　交通工具或其他物品传播口蹄疫风险

口蹄疫病毒在动物体外的存活时间与环境变化有密切关系，低温、高湿对口蹄疫病毒在饲草、土壤、水体、动物皮毛、运输车辆等多种介质上存活时间有很大影响。工作服、鞋、包装箱、垫料、饲料草料、下脚料等为传播口蹄疫的高风险物品（表 2－6）。

表 2－6　其他物品或交通工具传播口蹄疫风险等级表

物品或/媒介物	说明	条件	病毒存活时间或传播距离	风险等级
空气（风）	病毒存活湿度应≥60%	秋季或冬季实验，相对湿度≥60%	≥60 分钟	中
		陆地上	60 千米	
		海洋上	250 千米	
		向密封暗室喷洒病毒	24 小时	
垫料	秸秆，刨花	—	4 周	高
衣物	—	—	100 天	高
		夏季	9 周	高
		冬季	14 周	高
工具	—	—	—	中
饲料/草料	糠，麸	—	20 周	高
	干草	环境温度	＞200 天	高
	小麦	—	—	高
下脚料	污染物品或副产品	—	—	高
包装箱	—	室内温度	46 天	高
种子	—	—	—	中
鞋	—	夏季	9 周	高
		冬季	14 周	高
土壤	—	夏季	3～7 天	中
		秋季	4 周	高
		冬季	21 周	高
蔬菜	—	环境温度	7 天	中
交通工具	卡车，自行车，车辆	—	—	高
水	—	环境温度	14 周	高
		夏季/冬季	15 天	高

“—”：表示无确切数据资料

2.3 规模养殖场口蹄疫风险评估体系的建立

风险分析和风险管理越来越多地在环境保护、生态学、生物防治、食品、动植物检疫、生物多样性等诸多领域得到应用。在 WTO《实施卫生与植物卫生措施协议》（SpS 协议）中也涉及风险评估内容，OIE 制定的《国际动物卫生法典》对兽医风险分析提供了指导原则，但这些协议和指导原则主要适用于国际间贸易往来。

附录 1《规模养殖场口蹄疫风险评估技术规范》是在研究和确定影响口蹄疫传播和流行因素的基础上、汲取各类风险评估的合理原则，研究建立的规模养殖场口蹄疫风险评估模型，其技术规范可供规模养殖场参考使用。目的是让规模场及时发现问题，及时采取相应的措施，从而有效的防控疫病。因我国是口蹄疫强制免疫的国家，免疫效果是评价口蹄疫防控水平的重要指标之一，在规模养殖场风险评估模型中，口蹄疫免疫抗体合格率被确定为特别关键项。技术规范中，根据生产中存在的实际情况，将各项风险因子的判定标准分为符合要求、基本符合要求、不符合要求三个档次。

技术规范中，采用了“定性风险分析”方法将风险级别划分为“高风险”、“中等风险”和“低风险”三个级别。高风险是指需要立即采取相应的防范措施；低风险是指已具有很好或较好的防范措施；介于高低之间的“中等风险”，应逐步采取相应的措施进行防范。技术规范运用“德尔菲法”确定了“高风险”的三种情况和“中等风险”的两种情况。各个风险因子判定结果的总和，符合其中一种情况的即可判为高风险或中等风险，否则为低风险。这几种情况的确定，不但考虑了各风险因子的重要程度，还考虑了风险因子之间的加性效应。如“免疫抗体合格率”特别关键项和“生产区、生活区、隔离区界限分明”关键项同时不符合要求，风险性就会大大提高，应判为高风险。而有些养殖场不接种疫苗（因产品有特殊要求），基本没有免疫抗体，但场址位置及各方面管理都很严格，则不属于高风险。

2.4 安全检查

安全检查的目的是在生产实践中为使养殖场避免由于日常工作疏漏，通过对威胁养殖场风险因子的分析，开展定期不定期安全检查以排除危险因子，检查各项管理规定的实施效果，防患于未然，从而确保养殖场健康、稳定和持续发展。

安全检查的内容主要包括养殖场硬件建设和饲养管理软件两个层次，如养殖场选址、场区建设、防疫设施、排污设施、动物免疫情况、人员管理、消毒情况、废弃物处理、动物饲养及其精神状况观测、饲草料质量控制及来源、消毒剂有效性、周边有无疫情等。

养殖场建立了风险评估体系，在风险评估的基础上，根据养殖模式和生产实际，参照相关标准规范和企业规章制度，制定安全检查制度。在《规模养殖场口蹄疫风险评估技术规范》中，风险评估表也是一个安全检查表，养殖场可依据表中所列内容开展自检。

安全检查旨在排除风险因素，而不是搞形式主义，对检查中发现的问题应及时整改，确保安全生产。

第三章　规模养殖场生物安全防护体系

动物养殖场生物安全体系在保证动物健康中起着决定性作用，同时也最大限度地减少养殖场对周围环境的不利影响。养殖场生物安全体系包括隔离、生物安全通道、卫生消毒、动物免疫、健康监测、畜群净化、人员管理、物流控制等要素。

3.1　隔离

隔离措施主要包括空间距离隔离和设置隔离屏障。

3.1.1　空间距离隔离

养殖场场址应选择在地势高燥、水质良好、排水方便的地方，远离交通干线和居民区1 000米以上，距离其他饲养场1 500米以上，距离屠宰场、畜产品加工厂、垃圾及污水处理厂2 000米以上。

根据生物安全要求的不同，养殖场区划分为生产区、管理区和生活区，各个功能区之间的间距不少于50米，动物圈舍之间距离不应少于10米。

3.1.2　隔离屏障

隔离屏障包括围墙、防疫壕沟、绿化带等。

养殖场应设有围墙，将养殖场从外界环境中明确的划分出来，并起到限制场外人员、动物、车辆等自由进出养殖场的作用。围墙外建立绿化隔离带，场门口设警示标志。

生产区、管理区和生活区之间设围墙或建立绿化隔离带。

在远离生产区的下风向区建立隔离观察室，四周设隔离带，重点对疑似病畜进行隔离观察。有条件的养殖场建立真正意义上的、各方面都独立运作的隔离区，重点对新进场动物、外出归场的人员、购买的各种原料、周转物品、交通工具等进行全面的消毒和隔离。

3.2　生物安全通道

生物安全通道有两方面的含义：一是进出养殖场必须经由生物安全通道，二是通过生物安全通道进出养殖场可以保证生物安全。

（1）养殖场应尽量减少出入通道，最好场区、生产区和动物舍只保留一个经常出入的通道；

（2）生物安全通道要设专人把守，限制人员和车辆进出，并监督人员和车辆执行各项生物安全制度；

（3）设置必要的生物安全设施，包括符合要求的消毒池、消毒通道、装有紫外灯的更衣室等；

（4）场区道路实现硬化，清洁道和污染道分开且互不交叉。

3.3　消毒

3.3.1　预防性消毒

（1）环境消毒。

养殖场周围及场内污水池、粪收集池、下水道出口等设施每月应消毒 1～2 次。养殖场大门口应设消毒池，消毒池的长度为 4.5 米以上、深度 20 厘米以上，池上方应建有顶棚，防止日晒雨淋，每周更换消毒液 2～3 次。畜舍周围环境每周消毒 1～2 次。动物舍入口处设长度为 1.5 米以上、深度为 20 厘米以上的消毒槽，每周至少更换 2 次消毒液。动物舍内每天消毒 1 次。

（2）人员消毒。

工作人员进入生产区要更换清洁的工作服和鞋、帽；工作服和鞋、帽应定期清洗、更换，清洗后的工作服晒干后应用消毒药剂熏蒸消毒 20 分钟，工作服不准穿出生产区。工作人员的手用肥皂洗净后浸于消毒液如 0.2% 柠檬酸、洗必泰或新洁尔灭等溶液内 3～5 分钟，清水冲洗后抹干，然后穿上生产区的水鞋或其他专用鞋，通过脚踏消毒池进入生产区。

（3）圈舍消毒。

圈舍的全面消毒按畜舍排空、清扫、洗净、干燥、消毒、干燥、再消毒顺序进行。

在畜群出栏后，圈舍要先用 3%～5% 氢氧化钠溶液或常规消毒液进行 1 次喷洒消毒，可加用杀虫剂，以杀灭寄生虫和蚊蝇等。

对排风扇、通风口、天花板、横梁、吊架、墙壁等部位的积垢进行清扫，然后清除所有垫料、粪肥，清除的污物集中处理。

经过清扫后，用喷雾器或高压水枪由上到下、由内向外冲洗干净。对较脏的地方，可先进行人工刮除，要注意对角落、缝隙、设施背面的冲洗，做到不留死角。

圈舍经彻底洗净干燥，再经过必要的检修维护后即可进行消毒。首先用 2% 氢氧化钠溶液或 5% 甲醛溶液喷洒消毒。24 小时后用高压水枪冲洗，干燥后再用千毒除或菌毒敌喷雾消毒 1 次。为了提高消毒效果，一般要求使用 2 种以上不同类型的消毒药进行至少 3 次的消毒（建议消毒顺序：甲醛→氯制剂→复合碘制剂→熏蒸），喷雾消毒要使消毒对象表面至湿润挂水珠。对易于封闭的圈舍，最后一次最好把所有用具放入圈舍再进行密闭熏蒸消毒。熏蒸消毒一般每立方米的圈舍空间，使用福尔马林 42 毫升，高锰酸钾 21 克，水 21 毫升。先将水倒入耐腐蚀的容器内，加入高锰酸钾搅拌均匀，再加入福尔马林，人即离开。门窗密闭 24 小时后，打开门窗通风换气 2 天以上，散尽余气后方可使用。喂料器饮水器、供热及通风设施、笼养圈舍等特殊设备很难彻底清洗和消毒，必须完全剔除残料、粪便、皮屑等有机物，再用压力泵冲洗消毒。更衣间设备也应彻底清洗消毒。在完成所有清洁和消毒步骤后，保持不少于 2 周的空舍时间。进幼仔前 5 ~6 天对圈舍的地面、墙壁用 2% 氢氧化钠溶液彻底喷洒。24 小时后用清水冲刷干净再用常规消毒液进行喷雾消毒。

（4）用具及运载工具消毒。

出入畜舍的车辆、工具定期进行严格消毒，可采用紫外线照射或消毒药喷洒消毒，然后放入密闭室内用福尔马林熏蒸消毒 30 分钟以上。

（5）带群消毒。

带群消毒的关键是要选用杀菌（毒）作用强而对畜体无害，对塑料、金属器具腐蚀性小的消毒药。常可选用 0.3% 过氧乙酸、0.1% 次氯酸钠、菌毒敌、百毒杀等。

选用高压动力喷雾器或背负式手摇喷雾器，将喷头高举空中，喷嘴向上以画圆圈方式先内后外逐步喷洒，使药液如雾一样缓慢下落。要喷到墙壁、屋顶、地面，以均匀湿润和畜体表稍湿为宜，不得直喷畜，雾粒直径应控制在 80 ~120 微米之间，同时与通风换气措施配合起来。

3.3.2 紧急消毒

紧急消毒时应首先对圈舍内外消毒后再进行清理和清洗。将畜舍内的污物、粪便、垫料、剩料等各种污物清理干净，并作无害化处理。所有病死牲畜、被扑杀牲畜及其产品、排泄物以及被污染或可能被污染的垫料、饲料和其他物品应当进行无害化处理。无害化处理可以选择深埋、焚烧等方法，饲料、粪便也可以堆积密封发酵或焚烧处理。畜舍墙壁、地面、笼具，特别是屋顶木架等，用消毒液进行地面和墙壁喷雾或喷洒消毒。对金属笼具等设备可采取火焰消毒。对所有可能被污染的运输车辆、道路应严格消毒，车辆内外所有角落和缝隙都要用消毒液消毒后再用轻水冲洗，不留死角。车辆上的物品也要做好消毒。参加疫病防控的各类工作人员，包括穿戴的工作服、鞋、帽及器械等都应进行严格的消毒，消毒方法可采用消毒液浸泡、喷洒、洗涤等。消毒过程中所产生的污水应作无害化处理。

3.3.3 消毒药物选择

口蹄疫病毒对酸、碱都敏感，可选用 1% ~2% 的氢氧化钠或其他醛类、氧化剂类、双季胺盐类等消毒药品。养殖场根据生产实践，结合规模场防控其他动物疫病的需要，选择使用（见表 3 -1）。

表3-1 常用口蹄疫消毒药物

品种	类别	常用浓度	pH值	适宜温度	使用范围
过硫酸氢钾	氧化剂	1∶200	3	≥0℃	喷雾、熏蒸
过氧乙酸	氧化剂	0.05%~0.1% 1~2克/立方米	3	≥0℃	喷雾、熏蒸
氢氧化钠	碱	1%~5%	≥13	≥22℃	环境喷洒
福尔马林	醛	5%~10% 15~40毫升/立方米	6	≥15℃	环境喷洒、熏蒸
二氧化氯	氧化剂	1∶1 500	6	≥0℃	喷雾、环境喷洒
二氯异氰尿酸钠	卤素	1∶800	6	≥0℃	喷雾、环境喷洒
三氯异氰尿酸钠	卤素	1∶800	6	≥0℃	喷雾、环境喷洒
络合碘	卤素	1∶800	6	≥0℃	喷雾、环境喷洒

3.3.4 消毒注意事项

（1）养殖场环境卫生消毒。在生产过程中保持内外环境的清洁非常重要，清洁是发挥良好消毒作用的基础。养殖场区要求无杂草、垃圾；场区净、污道分开；道路硬化，两旁有排水沟；沟底硬化，不积水；排水方向从清洁区流向污染区。

（2）熏蒸消毒圈舍时，舍内温度保持在18~28℃，空气中的相对湿度达到70%以上才能很好地起到消毒作用。盛装药品的容器应耐热、耐腐蚀，容积应不小于福尔马林和水总容积的3倍，以免福尔马林沸腾时溢出使人灼伤。

（3）根据不同消毒药物的消毒作用、特性、成分、原理、使用方法及消毒对象、目的、疫病种类，选用两种或两种以上的消毒剂交替使用，但更换频率不宜太高，以防相互间产生化学反应，影响消毒效果。

（4）消毒操作人员要佩戴防护用品，以免消毒药物刺激眼、手、皮肤及黏膜等。同时也应注意避免消毒药物伤害动物及物品。

（5）消毒剂稀释后稳定性变差，不宜久存，应现用现配，一次用完。配制消毒药液应选择杂质较少的深井水或自来水。寒冷季节水温要高一些，以防水分蒸发引起家畜受凉而患病；炎热季节水温要低一些并选在气温最高时，以便消毒同时起到防暑降温的作用。喷雾用药物的浓度要均匀，对不易溶于水的药应充分搅拌使其溶解。

（6）生产区门口及各圈舍前消毒池内药液应定期更换。

3.4 人员管理

3.4.1 人员行为规范

（1）进入养殖场的所有人员，一律先经过门口脚踏消毒池（垫）、消毒液洗手、紫外线照射等消毒措施后方可入内。

（2）所有进入生产区的人员按指定通道出入，必须坚持“三踩一更”的消毒制度。即：场区门前消毒池（垫）、更衣室更衣和消毒液洗手、生产区门前消毒池及各动物舍门前消毒池（盆）消毒后方可入内。条件具备时要先沐浴再更衣和消毒才能入内。

（3）外来人员禁止入内，并谢绝参观。若生产或业务必需，经消毒后在接待室等候，借助录像了解情况。若系生产需要（如专家指导）也必须严格按照生产人员入场时的消毒程序消毒后入场。

（4）任何人不准带食物入场，更不能将生肉及含肉制品的食物带入场内，场内职工和食堂均不得从市场采购肉品。

（5）在场技术员不得到其他养殖场进行技术服务。

（6）养殖场工作人员不得在家自行饲养口蹄疫病毒易感染偶蹄动物。

（7）饲养人员各负其责，一律不准串区窜舍，不互相借用工具。

（8）不得使用国家禁止的饲料、饲料添加剂及兽药，严格落实休药期的规定。

3.4.2 管理人员职责

（1）负责对员工和日常事务的管理；

（2）组织各环节、各阶段的兽医卫生防疫工作；

（3）监督养殖场生产、卫生防疫等管理制度的实施；

（4）依照兽医卫生法律法规要求，组织淘汰无饲养价值、怀疑有传染病的动物，并进行无害化处理。

3.4.3 技术人员职责

（1）协助管理人员建立养殖场卫生防疫工作制度；

（2）根据养殖场的实际情况，制订科学的免疫程序和消毒、检疫、驱虫等工作计划，并参与组织实施；

（3）及时做好免疫、监测工作，如实填写各项记录，并及时做好免疫效果的分析；

（4）发现疫病、异常情况及时报告管理人员，并采取相应预防控制措施；

（5）协助、指导饲养人员和后勤保障人员做好家畜进出、场舍消毒、无害化处理、兽药和生物制品购进及使用、疫病诊治、记录记载等工作。

3.4.4 饲养人员职责

（1）认真执行养殖场饲养管理制度；

（2）经常保持猪舍及环境的干净卫生，做好工具、用具的清洁与保管，做到定时消毒；

（3）细致观察饲料有无变质，注意观察猪采食和健康状态，排粪有无异常等，发现不正常现象，及时向兽医报告；

（4）协助技术人员做好防疫、隔离等工作；

（5）配合技术人员实施日常监管和抽样；

（6）做好每天生产详细记录，及时汇总，按要求及时向上汇报。

3.4.5　后勤保障人员职责

（1）门卫做好进、出人员的记录；定期对大门外消毒池进行清理、更换工作；检查所有进出车辆的卫生状况，认真冲洗并做好消毒；

（2）采购人员做好原料采购，原料要在非疫区进行，原料到场后交付工作人员在专用的隔离区进行消毒。

3.5　物流管理

有效的物流管理可以切断病原微生物的传播。

（1）养殖场内畜群、物品按照规定的通道和流向流通；

（2）养殖场应坚持自繁自养，必须从外场引进种畜时，要确认产地为非疫区，引进后隔离饲养14天，进行观察、检疫、监测、免疫，确认为健康后方可并群饲养。

（3）养猪场圈（舍）实行全进全出制度，出栏后，圈（舍）要严格进行清扫、冲洗和消毒，并空圈14天以上方可进畜。

（4）动物出场时要对畜群的免疫情况进行检查并做临床观察，无任何传染病、寄生虫病症状迹象和伤残情况方可出场，严格禁止带病畜出场；运输工具及装载器具经消毒处理，才可带出。

（5）杜绝同外界业务人员的近距离接触，杜绝使用经营商送上门的原料；养殖场采购人员应向农业部颁发生产经营许可证的饲料生产企业采购饲料和饲料添加剂。严禁使用残羹剩饭饲喂动物。

（6）限制采购人员进入生产区，购回后交付其他工作人员存放、消毒方可入场使用。

（7）所有废弃物进行无害化处理达标后才能排放。病畜尸体、皮毛的处理按GB 16548—2006的规定执行。

第四章　规模养殖场口蹄疫免疫技术

免疫接种是疫病防控最重要的防制措施之一。针对口蹄疫、禽流感等国家法定强制免疫的动物烈性传染病，成功的免疫措施不仅需要合格、有效的疫苗制品，还需要规范的接种操作和科学适用的免疫程序，更为重要的是建立一套可追溯的免疫标识和档案管理制度。本章阐述了规模养殖场口蹄疫免疫工作中疫苗、接种操作、免疫程序、不良反应应对、免疫标识和免疫档案管理等技术措施。

4.1　疫苗选择

选择有农业部正式批准文号并由正规兽药企业生产的疫苗，且各养殖场应根据自身的实际情况合理地选用抗原匹配性最佳的疫苗。目前市售口蹄疫疫苗主要有以下几种：

（1）猪口蹄疫O型灭活疫苗（普通型）。

主要成分与含量：O型口蹄疫猪源强毒细胞培养物经二乙烯亚胺（BEI）灭活，加精制白油和乳化剂配制而成的双相油乳剂。每头份疫苗中至少含3PD_{50}。为乳白色或淡红色略带黏滞性的乳状液，2～8℃保存，有效期为1年。

作用与用途：用于预防猪O型口蹄疫。注射后15天产生免疫力，免疫持续期为6个月。

用法与用量：耳根后深部肌肉注射。体重10～25千克猪，每头2毫升；体重25千克以上猪，每头3毫升。

（2）猪口蹄疫O型灭活疫苗（浓缩型）。

主要成分与含量：O型口蹄疫猪源强毒细胞培养物经二乙烯亚胺（BEI）灭活，经特殊工艺浓缩，加精制白油和乳化剂配制而成的双相油乳剂。灭活前每头份疫苗的病毒滴度至少为$10^{7.5}LD_{50}$或$10^{8.5}TCID_{50}$/头份；每头份疫苗至少含6PD_{50}。（LD_{50}表示半数致死量，$TCID_{50}$表示半数细胞培养物感染量）。为乳白色或淡红色略带黏滞性的乳状液，在2～8℃，有效期为1年。

作用与用途：用于预防猪O型口蹄疫。注射后15天产生免疫力，免疫期为6个月。

用法与用量：耳根后深部肌肉注射。体重10～25千克猪，每头1毫升；体重25千克以上猪，每头2毫升。

（3）猪口蹄疫O型灭活疫苗（进口佐剂型）。

主要成分与含量：O 型口蹄疫猪源强毒细胞培养物经二乙烯亚胺（BEI）灭活，经特殊工艺浓缩，加法国 SEPPIC 公司的 Montanide ISA 206 佐剂和乳化剂配制而成的双相油乳剂。灭活前每头份疫苗的病毒滴度至 $10^{7.5}$LD50 或 $10^{8.5}$TCID50。每头份疫苗至少含 $6PD_{50}$。为乳白色或淡红色略带黏滞性的乳状液，2～8℃保存，有效期 1 年。

作用与用途：用于预防猪 O 型口蹄疫。注射后 15 天产生免疫力，免疫期为 6 个月。

用法与用量：耳根后深部肌肉注射。体重 10～25 千克猪，每头 1 毫升；体重 25 千克以上猪，每头 2 毫升。

（4）猪口蹄疫 O 型合成肽疫苗。

主要成分与含量：采用固相多肽合成及纯化技术，人工合成口蹄疫病毒主要抗原位点及人工 T 细胞位点，并以此作为抗原与法国 SEPPIC 公司的 Montanide ISA 50V 佐剂混合制成的 W/O 单相油乳剂疫苗，每头份疫苗至少含 $6PD_{50}$。为乳白色略带黏滞性的乳状液，2～8℃保存，有效期 1 年。

作用与用途：用于预防猪 O 型口蹄疫。注射后 15 天产生免疫力，1 个月产生坚强免疫力，免疫期为 6 个月。

用法与用量：耳根后深部肌肉注射。不论猪只大小，每头均注射 1 毫升。

（5）牛口蹄疫 O 型—亚洲 I 型二价灭活疫苗。

主要成分与含量：O 型口蹄疫牛源强毒（OS/99 株）、Asia1 型牛源强毒（LC/96 株）的细胞培养物经二乙烯亚胺（BEI）灭活，并经特殊工艺浓缩，加精制白油和乳化剂配制成的双相油乳剂二价灭活疫苗。每头份疫苗含 O 型口蹄病病毒至少 $3PD_{50}$、Asia1 型口蹄疫病毒至少 $3PD_{50}$。

标签上凡有“206”标记的疫苗系使用法国 SEPPIC 公司的 Montanide ISA206 佐剂配制的双相油乳剂疫苗。为乳白色或淡粉红色略带黏滞性的均匀乳状液，2～8℃保存，有效期 1 年。

作用与用途：用于预防牛、羊 O 型、Asia1 型口蹄疫。注射后 15 天产生免疫力，免疫期为 6 个月。

用法与用量：牛、羊颈部深部肌内注射。牛每头注射 2 毫升；羊每只 1 毫升。

（6）牛口蹄疫 A 型灭活疫苗

主要成分与含量：A 型口蹄疫牛源强毒（AF72 株）细胞培养物经二乙烯亚胺（BEI）灭活，并经特殊工艺浓缩，加精制白油和乳化剂配制成灭活疫苗。每头份疫苗含 A 型口蹄病病毒至少 3 PD_{50}。为乳白色或淡粉红色略带黏滞性的均匀乳状液。2～8℃保存，有效期 1 年。

作用与用途：用于预防牛、羊 A 型口蹄疫。注射后 15 天产生免疫力，免疫期为 6 个月。

用法与用量：牛、羊颈部深部肌内注射。牛每头注射 2 毫升；羊每只 1 毫升。

4.2 接种操作

免疫前要严格做好接种用器具（如注射器、针头、镊子以及有关容器等）的消毒准备工作。

（1）注射器：应使用牲畜专用的可定量注射器，注意注射器定量卡是否松动。使用前用高压灭菌或煮沸消毒法消毒至少15分钟。

（2）针头：猪使用9～12号针头，牛使用12～16号针头。针头的消毒应采用高压蒸汽法进行。

（3）毛剪和镊子：使用前应高压灭菌或煮沸消毒法消毒至少15分钟。

（4）灭菌后的注射器与针头应放置于无菌盒内备用，也可使用一次性注射器和针头。

免疫接种工作须由兽医防疫人员或养殖场兽医人员执行；加强对养殖场兽医人员的技术培训，严格按照接种操作的细节要求进行。接种前应备有足够的碘酊棉球、注射器、针头、抗过敏药物以及免疫记录本等。坚持实行“一畜一针头”的接种规定。注射时应适当保定，严禁使用“飞针”注射。接种前将疫苗缓慢充分摇匀，防止气泡影响疫苗剂量的准确性。疫苗在使用过程中应保存在保温箱内，注意防冻、防晒，疫苗必须在2～8℃之间保存，切不可冻结。吸出的疫苗液不可回注于瓶内，每瓶疫苗启用后，限当日用完，超过24小时的则废弃。

严格按照产品说明书中规定的剂量免疫，不得超量免疫；注射部位要准确，动作要熟练、敏捷，确保免疫剂量准确足量。吸取疫苗时应在疫苗瓶塞边缘插入一支进气针头，吸苗针头应从瓶塞中央进入并固定在瓶塞上专用于吸取疫苗，另安装注射针头用于疫苗接种。接种前应仔细定量，在注射针头上覆盖棉球，将针筒排气溢出的疫苗液吸积于棉球上，并将其收集于专用瓶内集中处理。进气针头、吸苗针头和注射针头三者之间应严格分开使用，注射器严禁在疫苗瓶内排空气。注射部位用碘酊或70%酒精棉擦净消毒，绵羊、牦牛、骆驼等动物注射部位剪毛后再进行消毒。注射部位要准确，疫苗要注入深层肌肉内。牛、羊注射部位为颈部上1/3处；猪注射部位选择在耳根后，斜向后方向进针，并与皮肤表面成45度角。

4.3 免疫应激反应的预防及处置

通常大多数动物在接种疫苗后不会出现明显的不良反应，而少数动物常常会出现一过性的精神沉郁，食欲下降，注射部位出现短时轻度炎性水肿等局部或全身性异常表现，这都是注苗后的正常反应。但有时会发生反应程度严重（如过敏反应，表现为缺氧、黏膜发绀、呼吸困难、口流涎沫、全身肌肉颤抖、出汗、呕吐食物、虚脱或惊厥等临床症状）或出现反应的动物数量较多的情况，原因通常是由于疫苗的质量低劣、注射剂量过大、操作错误、接种途径或使用对象不准等因素引起。即便如此，我们仍可以通过一些预防和应急措施最大程度地减少注苗不良反应和损失的发生。

（1）接种前后一周内饲料中可适当添加小剂量的左旋咪唑、亚硒酸钠和维生素 E 等免疫增强剂类物质；不要使用肾上腺素类的激素药物或免疫抑制性药物（如链霉素、新霉素、卡那霉素、四环素、磺胺等）或抗病毒药物。

（2）在免疫接种前必须进行牲畜健康状况、体质等生理状况的检查，病畜、弱畜、孕畜可暂缓接种，其免疫严格按说明书要求进行及时补免。

（3）免疫接种最好选择在温度适宜、天气晴朗的时候进行，特别是猪的免疫应尽量避开阴雨天，夏季在早晚凉爽时进行，冬天在中午温暖时进行。

（4）免疫接种前应尽可能避免动物一些剧烈活动（如长途运输、转群、采血等），防止牲畜处于应激状态，在接种过程中更应采取必要措施以避免过分驱赶或抓取牲畜。

（5）免疫后须给牲畜适当时间静休，同时兑制 0.04% 多维电解质水供其自由饮用，并密切观察是否出现异常反应，对表现持续高热的牲畜除了供给充足的多维电解质水之外，还需采取退热措施。

（6）应激反应的处理。

一般反应：个别家畜注苗后出现轻度精神萎靡或不安，食欲减少和体温稍高等情况，一般不需要治疗，将其置于适宜环境下 1～2 天，症状即可自行减轻或消失，不必采取治疗措施。

急性反应：极个别家畜注苗后可能出现急性过敏反应，气喘、呼吸加快、眼结膜充血、发抖、皮肤发紫、口吐白沫、时常排粪、后肢不稳或倒地抽搐，如抢救不及时很可能死亡。一般需尽快肌注盐酸异丙嗪（牛 500 毫克、猪羊 100 毫克）；肌注地塞米松磷酸钠（牛 30 毫克、猪羊 10 毫克，孕畜不用）；皮下注射 0.1% 盐酸肾上腺素（牛 5 毫升、猪羊 1 毫升）。但对过敏症状严重的病猪，对症用抗组织胺类药物缓解或消除荨麻疹；眼睑水肿，腹泻及支气管痉挛等过敏症状，常用盐酸苯海拉明注射液，肌内注射剂量为 20～60 毫克/千克体重，每天用药 3～4 次，直至过敏症状消失。或肌注扑尔敏，以降低毛细血管通透性，减轻肿胀、渗出症状。

若发生过敏反应病猪体温超过 40℃，可注射复方氨基比林；若发生过敏反应的病猪心脏衰竭、皮肤发绀，可注射安钠咖，注意保温，并给予充足、干净的饮水。

最急性反应：

迅速皮下注射 0.1% 盐酸肾上腺素（牛 5 毫升、猪羊 1 毫升），20 分钟后根据缓解程度，可重复同剂量再注射一次；肌注盐酸异丙嗪（牛 500 毫克、猪羊 100 毫克）；肌注地塞米松磷酸钠（牛 30 毫克、猪羊 10 毫克，孕畜不用。

对休克家畜，除上述方法外，还要迅速针刺耳尖、尾根、蹄头、大脉穴，放少量血；迅速将去甲肾上腺素（牛 10 毫克）、猪羊 2 毫克加入 10% 葡萄糖注射液（牛 1 500 毫升、猪羊 500 毫升），静脉滴注；待家畜苏醒、脉律逐渐恢复后，再将维生素 C（牛 5 克、猪羊 1 克）、维生素 B_6（牛 3 克、猪羊 0.5 克）加入 5% 葡萄糖注射液（牛 2 000

毫升、猪羊500毫升)，静脉滴注；然后再用5%碳酸氢钠液（牛500毫升、猪羊100毫升）静脉滴注即可。

4.4 免疫程序

根据疫苗种类和群体免疫抗体水平制定适宜的免疫程序，并严格按免疫程序实施免疫接种工作，但根据突发事件和实际情况可临时更改免疫程序。

4.4.1 猪免疫程序

规模化养猪场应按照《中华人民共和国动物防疫法》及其配套法规的要求，根据当地疫病发生的种类和特点及省、地市级动物防疫部门制订的免疫程序，结合本场实际情况，确定免疫接种内容、方法和合理的免疫程序。

（1）仔猪及育肥猪：出生后28～35日龄时进行首免，4周后加强免疫。25千克以下仔猪每头1毫升；25～50千克每头1.5毫升；50千克以上每头2毫升肌注。

（2）种公猪：每年至少免疫注射3次，3毫升/头剂量肌注。

（3）生产母猪：一般每年免疫注射3次（间隔4个月），配种前4周免疫一次。

（4）调运猪：跨省外调猪在调运前2周加强免疫一次。

4.4.2 牛免疫程序

（1）犊牛：出生后3～4个月首免，肌注牛羊O-Asia1型口蹄疫双价灭活苗2毫升/头；首免后1个月进行二免（方法、剂量同首免），以后每间隔4个月接种一次，肌注牛羊O、Asia1型双价苗4毫升/头。

（2）生产母牛：分娩前2个月肌注牛羊O、Asia1型双价苗4毫升/头。

（3）种公牛：每年接种牛羊O、Asia1型双价苗，每隔4个月免疫一次，肌注4毫升/头。

（4）补免措施：针对免疫抗体产生不佳的牲畜，可用牛羊O或Asia1型单价灭活苗肌注（3毫升/头）进行补免。

4.4.3 紧急免疫

发生疫情时，要对疫区、受威胁区域的全部易感动物进行一次强化免疫。

4.5 动物标识与免疫档案

（1）养殖场应每季度提前向动物防疫主管部门申报养殖种类、养殖数以及所需的动物标识数量，年出栏1 000头以上猪场须自行配备动物标识识读器。

（2）对动物实施免疫接种后须按照《畜禽标识和养殖档案管理办法》中的规定，

建立免疫档案，加施牲畜标识。

（3）免疫接种后应及时认真地填写免疫接种记录表，内容包括疫苗名称、接种日期、舍号、栏号、年龄、免疫头数、免疫剂量、疫苗信息（类别、生产厂家、有效期、批号等）以及接种人员，针对每一头牲畜建立规范性的免疫档案。

（4）免疫注射后应进行免疫抗体水平的检测和免疫效果评价。

第五章　规模养殖场口蹄疫监测技术

监测措施是疫病防控和流行病学调查的重要内容和手段之一，所有影响疫病发生与扩散的风险因素都属于疫情监测的范围。而规模养殖场口蹄疫发生风险的监测内容主要是场区环境带毒检测、场区外环境的疫情调查、牲畜过往活动情况、牲畜带毒情况以及畜群免疫状况等。本章阐述了规模化养殖场口蹄疫监测范围、监测频率、监测内容和方法、采样比例以及结果评价的技术措施，适用于规模化养殖场口蹄疫感染监测、免疫抗体评价等相关活动。

5.1　监测范围

（1）牲畜：养殖场内所有易感家畜（如猪、牛、羊等）发病、带毒及抗体水平的检测。

（2）场区内环境：圈舍、饲料、饮用水等带毒监测。

（3）场区外环境：关注养殖场周边范围内的疫情动态，包括疫情调查，场区附近牲畜过往活动情况等。

5.2　监测频率

5.2.1　集中监测

1 年两次，分春秋进行。春季集中监测在 5 月底前完成，秋季集中监测在 11 月底前完成。由地方动物防疫监督部门和养殖场协作完成。

5.2.2　日常监测

由各养殖场根据生产的实际情况随时自行进行，必要时，结合当地口蹄疫流行状况增加监测次数。

一旦发现疑似病例，应紧急封锁疫点、控制发病动物及同群畜，并立即报告当地动物防疫监督部门。

5.3　监测内容和方法

5.3.1　临床检查

由饲养员负责每日例行的临床检查，即仔细观察牲畜是否表现口蹄疫临床典型症状（如食欲减退、发热、口鼻流涎、口蹄及乳房部位出现水泡和破溃、跛行、喜卧等）。一旦发现异常情况，应立即报告养殖场负责人和兽医诊疗室工作人员。

5.3.2　实验室检测

由养殖场兽医诊疗室（若技术和装备条件允许）负责实施，进行血清样品的抗体检测。

（1）免疫抗体检测。

液相阻断酶联免疫吸附试验（LB-ELISA）用于口蹄疫免疫抗体水平的检测和评价，是 OIE 推荐的国际标准方法之一。根据口蹄疫的流行和免疫情况，有时需检测多个血清型的免疫抗体。

正向间接血凝试验（IHA）适用于口蹄疫免疫抗体水平的大规模普查。虽非国际标准方法，但因其操作简便，价廉，在基层兽医实验室仍有较大应用价值。

（2）感染状况检测。

感染抗体检测　非结构蛋白酶联免疫吸附试验（NSP-ELISA）。用于口蹄疫感染抗体（即非结构蛋白的抗体）的检测，是 OIE 推荐的国际标准方法之一，其检测结果是判定牲畜是否感染口蹄疫的主要依据。

感染、带毒检测　对 NSP-ELISA 检测呈阳性的畜群，抽取病原样品送相关实验室进行病毒检测。检测方法可采用 RT-PCR 或进行病毒分离试验。

5.4　样品采集

5.4.1　采样原则

根据检验目的采集相应样品，采集的监测样品要有代表性，样品的采集、保存、送检运输要按照国家有关法规和行业技术标准进行。

5.4.2　采样数量

样品采集总量应根据养殖场实际的养殖规模、牲畜用途、畜群大小确定。基本原则是必须符合统计学要求。

5.4.3 采样时间

为监测养殖场动物血清抗体水平，评估疫苗免疫效果，应分别在注苗前和注苗后30天采集血清样品1次进行检测。

5.5 检测结果的判定

O型正向间接血凝试验，免疫后30天抗体效价$\geqslant 2^5$为免疫合格；O型、Asia1型液相阻断ELISA，免疫30天抗体效价$\geqslant 2^6$为免疫合格。

5.6 免疫效果的评价

存栏猪群免疫抗体合格率≥70%、牛群免疫抗体合格率≥80%时，表明家畜群体的免疫水平达到了国家规定要求。未达抗体合格标准的，应及时进行补免。

第六章　规模养殖场口蹄疫净化技术

对重要疫病的净化是保障规模化养殖场生物安全的重要措施之一。对于口蹄疫来说，疫源净化不但包括发病动物的隔离扑杀等处理，还包括对持续感染动物的甄别处理。规模养殖场口蹄疫的净化包括感染监测、隔离、淘汰阳性畜等技术环节。

口蹄疫是一种主要感染猪和牛的急性，发热性水泡病。研究认为口蹄疫病毒持续性感染（带毒状态）是反刍动物感染口蹄疫临床或亚临床症状后的一种普遍结果，而且不表现任何症状。临床正常的康复牛或亚临床感染的免疫牛可能都是隐性口蹄疫病毒感染牛，这个问题已经对动物国际贸易造成巨大的限制性影响。在无口蹄疫地区，采取了一系列严格的进口措施和检疫检验程序以排除口蹄疫病毒持续感染动物。

口蹄疫病毒持续感染的形成及持续时间受到各种因素影响，其中包括宿主遗传特性和感染毒株等。但口蹄疫病毒持续感染以及逃避宿主免疫反应的机理目前还不清楚。尽管牛局部慢性刺激产生免疫球蛋白 IgA，但病毒仍持续存在于软腭和咽喉部上皮细胞低效复制。有人推测口蹄疫康复动物持续性排毒可能在疾病暴发中具有重要的流行病学意义。

牛咽喉部，尤其是软腭背侧是口蹄疫病毒持续性感染牛的可能位点。带毒绵羊的扁桃体是病毒滴度最高和最容易分离到病毒的位点。用食道探杯（probang cup）采集持续感染动物咽喉黏液（O/P）是一种公认的检测口蹄疫病毒持续感染的方法。采集的咽喉黏液需要用有机溶剂处理，然后从 O/P 液中分离口蹄疫病毒或利用现代分子生物学检测方法检测病毒核酸都是国际贸易和流行病学调查中最为广泛的检测方法。

6.1　病毒感染动物的甄别

（1）感染抗体检测（可由规模养殖场化验室完成）。

非结构蛋白酶联免疫吸附试验（NSP-ELISA）。用于口蹄疫感染抗体（即非结构蛋白的抗体）的检测，是 OIE 推荐的国际标准方法之一，其检测结果是判定牲畜是否感染口蹄疫的主要依据。

（2）感染、带毒检测（疑似样品采集需报批兽医主管部门，检测由国家口蹄疫参考实验室或省级兽医实验室完成）。

检测牛羊 O/P 液和淋巴结等组织样品。采集的 O/P 液用多重 RT-PCR 进行检测，或者再由有条件的实验室进行病毒分离。

6.2　规模牛场口蹄疫净化技术方案

（1）口蹄疫病毒污染畜群的鉴别。

采用临床监测和实验室监测相结合的方式。

样品采集总量应根据养殖场实际的养殖规模和牲畜数量确定。10 000头以上按3%、5 000～10 000头按4%、2 500～5 000头按5%、1 000～2 500头按6%、500～1 000头按8%的比例采集血清。

使用非结构蛋白抗体ELISA方法检测血清。检测结果阳性的，采集其食道/咽部分泌物（O/P液）用RT-PCR方法检测，若检测结果为阴性，应间隔15天再采样检测一次，RT-PCR检测阳性，则判定为受污染畜群。

（2）口蹄疫病毒污染畜群的净化。

采取加强免疫和净化淘汰相结合的方式净化畜群。

受污染畜群实行每隔4个月强制免疫一次。

对全群进行非结构蛋白抗体监测，阳性动物每隔15天，连续2次采集O/P也进行病原学监测，对发现的口蹄疫病毒阳性的家畜进行隔离，并逐步淘汰。

（3）口蹄疫病毒净化畜群的标准。

畜群中口蹄疫病毒非结构蛋白3ABC抗体阳性动物，连续3次采集O/P液监测为口蹄疫病毒阴性。

6.3　规模猪场口蹄疫净化技术方案

（1）口蹄疫病毒污染畜群的鉴别。

对养殖场畜群主要按监测方案进行3ABC抗体监测，发现3ABC抗体阳性动物后，密切注意临床观察。一旦发现疑似症状，采集病料送相关实验室监测。一旦发现口蹄疫病毒阳性，将此群动物定为受污染畜群。

定期对出栏动物进行监测，发现3ABC阳性动物后，采集其下颌淋巴结或者扁桃体进行病原学监测。一旦发现口蹄疫病毒阳性，将此群动物定为受污染畜群。

（2）口蹄疫病毒污染畜群的净化。

采取加强免疫和淘汰相结合的方式净化畜群。

受污染畜群实行每隔4个月强制免疫一次。

同时对全群进行3ABC抗体监测，种猪群3ABC抗体阳性动物主要采用密切临床观察，发现异常立即隔离，并逐步淘汰；对育肥猪群3AB C抗体阳性动物主要采用隔离分群饲养，密切现场观察，加速出栏淘汰。

（3）口蹄疫病毒净化畜群的标准。

育肥出栏猪群连续3个月，未发现口蹄疫病毒阳性动物；种猪群连续半年未发现病例。

3ABC 抗体检测是口蹄疫免疫和感染鉴别诊断的国际标准方法，是口蹄疫预防控制和消灭策略中重要的技术手段。一般认为 3ABC 抗体阳性动物即为口蹄疫病毒感染动物或康复动物，表明该群动物正在感染口蹄疫病毒或已康复。详细检查有无临床病症，一经发现可疑病症及时封锁隔离，确诊之后按照相关口蹄疫疫情处理。在实际工作中常发现猪群中有一定比例的 3ABC 抗体阳性猪只，产生 3ABC 抗体阳性的原因可能有：疫苗纯度不高含有一定量的非结构蛋白，导致多次免疫后 3ABC 抗体阳转；猪只在高强度免疫压力下，由于环境中存在病毒发生隐性感染而未引发临床病症，表现为 3ABC 抗体阳转；输入了感染康复猪，但根据猪口蹄疫的发生发展规律，猪发生口蹄疫以后不形成持续带毒。由于目前尚无有效的技术支撑措施，建议猪场采取以下方式净化：

种猪场：监测种猪跟踪仔猪，对全部种猪进行 3ABC 非结构蛋白抗体检测，检测非结构蛋白抗体阳性种猪跟踪后代仔猪，仔猪断奶时或首免前检测 3ABC 非结构蛋白抗体，仔猪阳性，隔离仔猪及其父母代种猪，圈舍彻底消毒，隔离观察限制移动，进一步进行临床检查，采集鼻拭子、扁桃体等样品送有关部门进行病原学检测，阳性者坚决淘汰，整个猪场彻底消毒，加强监测逐渐净化。

育肥猪场：进场前检测 3ABC 非结构蛋白抗体，杜绝任何阳性猪只进入。进场后 1 月左右再进行 3ABC 抗体检测，发现阳性动物，隔离观察本舍动物，如有进一步口蹄疫特征临床表现，按照有关口蹄疫处置规范彻底处理。如无临床表现，对 3ABC 阳性猪进行病原学检测，发现阳性立即淘汰。出栏后对猪舍彻底消毒处理，净化饲养环境。

种猪：全群进行非结构蛋白抗体监测，阳性者隔离观察 14 天，期间限制移动；14 天后，隔离饲养。

哺乳子猪：每窝抽测，未注射疫苗出现非结构蛋白抗体阳性者，检测哺乳母猪的抗体，若母猪非结构蛋白抗体阳性，母猪和整窝子猪隔离观察 14 天；14 天后母猪和非结构蛋白抗体阳性仔猪隔离饲养；若哺乳母猪非结构蛋白抗体阴性，仔猪淘汰。

断奶仔猪、育成猪、育肥猪：在注射疫苗后定期抽测，非结构蛋白抗体阳性者，隔离饲养。

第七章　规模养殖场化验室建设

规模化养殖场应建立化验室，以对养殖场生产所用的各种物料进行常规检验，对疫病和动物免疫抗体进行监测。

7.1　化验室的功能职责

（1）制定规模化养殖场生产所用的各种物料（饲料、药品、动物等）检验操作规程。

（2）对进厂饲料、药品、动物等进行合格检验。

（3）对疫病和动物免疫抗体进行监测，并及时报告检测结果。

（4）对生产过程进行监督抽查，协助解决生产过程中的问题。

7.2　化验室的仪器设备和药品的基本配备要求

规模化养殖场的化验室配备应该基本满足日常物料检验、畜群防疫的要求。基本配置见表7－1、表7－2、表7－3、表7－4。

7.3　化验室的管理规范

（1）化验员应做好化验室的清洁卫生工作，严禁无关人员进入化验室；

（2）化验用工具、仪器、量具、卡具应按类进行设置、摆放，且应分区和标识，不应随意放置或丢失，同时不许挪作他用，以防损坏和污染；

（3）化验室的精密仪器要建档保管，做到防震、防尘、防腐蚀，并定时校验；

（4）所有的化学药品都必须用规定的器具盛放，并注明品名、浓度、规格、型号，且应摆设在固定的地方，特别是易燃、易爆、有毒、强腐蚀等危险品要专柜管理，严防丢失、误用或挪作他用等，以确保安全；

（5）化验员配制化学药品或化验物品时，必须按照相应的操作程序进行规范操作，杜绝违规产生的意外事故；

（6）化验室应随时保持有人在监视或测量，特别是在化验或检测物品过程中，更不应离开化验室，直至数据得出，结论确定为止；

（7）化验员应对化验数据和结论负责，并如实、准确填写报告单；

（8）对实验器皿要合理的存放，常用常洗，保持干净、干燥；

（9）工作期间必须按要求做好自身安全防护，防止出现安全事故。

表7－1　化验室仪器和一般器材

品名	数量	品名	数量
电冰箱	2	血球计数器	1
恒温培养箱	2	菌落计数器	1
高压蒸汽灭菌器	1	微量振荡器	1
干热灭菌器	1	组织捣碎机	1
离心机	1	恒温磁力搅拌器	1
显微镜（900倍以上）	1	移液器	1套
分析天平	1	多道移液器	1
药用天平	1	稀释棒	20
抽气机（1/4马力）	1	96孔U型塑料板	10
蒸馏器	1	酶标仪	1
超净工作台	1	直解剖剪（14厘米尖头）	5
磅秤	1	眼科剪	5
玻璃磨	2	有齿镊子	5
赛氏滤器	2	无齿镊子	5
恒温水箱	1	普通镊子	5
厌氧菌培养缸	1	眼科镊子	5
目测微计	1	胶皮手套	5
玻片测微计	1	煮沸消毒锅	1
酒精喷灯	1	铝锅	1
试管夹	10	电炉（2 000瓦）	1
铁丝试管架	10	试管刷	5
铝试管架（40孔）	10	瓶刷	5
铝试管架（20孔）	10	脱脂棉	
接种棒	5	普通棉花	
药匙	5	纱布	
玻片夹	5	牛皮纸	
扩大镜（15X）	5	线绳	
三角架	2	拭镜纸	
石棉网	4	记号笔	
陶瓷盘	4		
酒精灯	2		

表 7－2　化验室玻璃器皿

品名	数量	品名	数量
试管（15 厘米 ×1.5 厘米）	200	玻璃管（Φ0.7 厘米）	1
试管（10 厘米 ×1.3 厘米）	200	玻璃棒（Φ0.7 厘米）	1
离心管（10 毫升）	2 200	玻璃漏斗（Φ6 厘米）	1
吸管（10 毫升）	20	玻璃漏斗（Φ15 厘米）	1
吸管（5 毫升）	20	三角抽气瓶（500 毫升）	6
吸管（1 毫升）	20	玻璃注射器（1 毫升）	100
培养皿（Φ9 厘米）	100	玻璃注射器（5 毫升）	100
三角瓶（50 毫升）	50	玻璃注射器（10 毫升）	100
三角瓶（100 毫升）	50	玻璃注射器（20 毫升）	100
烧杯（100 毫升）	20	针头（8 号）	500
烧杯（500 毫升）	20	针头（20 号）	500
烧杯（1 000 毫升）	20	针头（皮内）	500
量筒（10 毫升）	10	染色盒架	2
量筒（100 毫升）	10	染色缸（10 片）	2
量筒（250 毫升）	10	染色缸（5 片）	2
量筒（500 毫升）	10	广口暖瓶（5 磅）	2
试剂瓶，棕色，100 毫升	20	染色滴瓶棕色 30 毫升	10
试剂瓶，白色，100 毫升	20	糖发酵用小玻璃管 0.5 厘米 ×3 厘米	100
试剂瓶，棕色，250 毫升	20	温度计，200℃	4
试剂瓶，白色，250 毫升	20	温度计，100℃	4
试剂瓶，棕色，500 毫升	20	玻片，7.5 厘米 ×2.3 厘米	200
试剂瓶，白色，500 毫升	20	盖玻片 2.0 厘米 ×2.0 厘米	200
		凹玻片	200

表 7－3　糖类、染料和指示剂

伯胶糖	鼠李糖	棉兰	苯胺黑
卫矛醇	水杨素	结晶紫	亮绿
菊糖	可溶性淀粉	伊红	溴甲酚紫
肌醇	山梨醇	沙黄	溴麝香草酚兰
果糖	蔗糖	酸性复红	中国蓝
乳糖	刚果红	碱性复红	酚酞
葡萄糖	石蕊	姬姆萨染料	酚红
麦芽糖	甲基红	瑞氏染料	麝香草酚兰
甘露醇	中性红	孔雀绿	
棉子糖	煌绿	亚甲蓝	

表 7－4　一般化学药品

无水乙醇	焦性没食子酸	硫酸亚铁	丙酮
95% 乙醇	过氧化氢	硫代硫酸钠	汞
乙醚	去氧胆酸钠	硫代硫酸钾	肉膏
醋酸铅	马尿酸钠	硫乙醇酸钠	氯化钡
甲醇	尿素	硫柳汞	氯化钙
甲醛	低亚硫酸钠	磷酸二氢钾	氯化钙（无水）
甲萘胺	氨基苯磺酸	磷酸氢二钾	氯化钾
硫酸	鞣酸	磷酸二氢钠	氯化镁
硫酸铵	石炭酸	磷酸氢二钠	碘片
硫酸镁	升汞	磷酸钠	碘化钾
硫酸铜	柠檬酸	磷酸钙	苯甲酸
硫酸钾	柠檬酸钠	磷酸钙（无水）	胱氨酸
碳酸钠	柠檬酸铵铁	甘油	赖氨酸
碳酸钠（无水）	三氯化铁	液体石蜡	鸟氨酸
草酸钾	硝酸	固体石蜡	精氨酸
草酸	硝酸钾	琼脂	天冬氨酸
草酸铵	亚硫酸钠（无水）	琼脂糖	胆盐
氢氧化钾	盐酸	筋胶	重铬酸钾
氢氧化钠	乳酸	酵母膏	对位二甲基氨基苯甲酸
氢氧化铵	蛋白胨	凡士林	
氯化钠	胰蛋白胨	柏木油	

第二篇　规模养殖场口蹄疫防控技术示范

第八章 东北地区规模养殖场口蹄疫防控技术示范基地

8.1 黑龙江农垦哈尔滨香坊实验农场奶牛场

8.1.1 场区防疫环境特点

1. 场区地理环境特点

哈尔滨香坊实验农场奶牛场坐落于哈尔滨市香坊区，即哈尔滨市东南郊区香坊农场境内，占地27万平方米，存栏奶牛1 800头，有高标准现代化牛舍25栋，牛场采取集中管理、分散饲养、集中榨乳、封闭式奶罐运输的现代化运营模式，是黑龙江省完达山乳业的标准化奶牛养殖示范基地。牛场建设用地较平坦、干燥，厂区环境达到了硬化、美化、绿化。

2. 场址选择及布局

该奶牛场距哈成公路不远，有利于运送鲜奶和饲料，远离屠宰厂和市场（牛场距宾西牛业屠宰厂25千米，距市场10千米以上），牛场距市区8千米。春季东南风较多，夏季西南风偏多，秋冬西北风偏多。春秋两季温度适宜，夏季偏热，最高温度可达35℃，冬季寒冷，最低可达－35℃。牛场常年平均温度3.5℃，湿度67%。养殖场区划分为生产区、管理区和生活区，各个功能区之间的间距大于50米。牛舍之间距离大于10米。

3. 养殖场防疫环境

牛场周边地区及场内近年来没有发生重大传染病疫情。

8.1.2 防疫管理措施

1. 防疫设施

奶牛场大门设有车辆出入消毒池，入场人员须经消毒池和紫外线照射消毒，每栋牛舍门口还设有消毒池，保证所有进入的车辆和人员都经过严格的消毒后才能入内。奶牛场建设有配套的粪尿污物处理排放系统，并建设有外购牛隔离检疫观察舍一栋，疫病监测化验由黑龙江农垦总局哈尔滨分局兽医站完成。

2. 防疫管理

奶牛场本着防疫程序化、饲养科学化、繁育现代化、管理标准化的水准进行管理。

（1）奶牛场实行生产区与生活区分开，生产区门口设置消毒池和消毒室（内设紫外线灯），消毒池内常年保持2%～4%氢氧化钠溶液。

（2）严格控制非生产人员进入生产区，必须进入时更换工作服及鞋帽，经消毒后才能进入。

（3）生产区不准解剖病死奶牛，不准养狗、猪及其他畜禽，定期灭蚊蝇。

（4）每年春、秋季各进行一次结核病、布鲁氏菌病检疫。检测呈阳性或可疑反应的牛只及时按国家防疫规范和本场规章制度进行屠杀、隔离等防疫措施处理，检疫结束后，及时对牛舍内外及用具等彻底进行一次大消毒。

（5）每年春、秋对全群奶牛进行一次体内外寄生虫的检查驱除工作。

（6）坚持自繁自养，必须从外场引进牛只时，要确认产地为非疫区，且新引进的牛必须持有法定单位的检疫证明书，引进后隔离饲养 14 天，进行观察、检疫、监测、免疫，确认为健康后方可并群饲养。

（7）管理人员、饲养人员及牛场兽医每年进行一次体检，如发现患有危害人、畜健康的传染病者，及时调离岗位，以防传播疾病。

（8）所有进入生产区的人员按指定通道出入，必须坚持“三踩一更”的消毒制度。即：场区门前消毒池（垫）、更衣室更衣和消毒液洗手、生产区门前消毒池及各动物舍门前消毒池（盆）消毒后方可入内。

（9）圈舍保持干净、通风采光良好，每隔 7 天全面清理常规消毒一次。

8.1.3 免疫技术措施

结合牛场和牛场周边地区传染病流行病史情况，配合奶牛疫病综合防控技术示范实施，该场目前只对口蹄疫进行免疫。一年免疫 2 次，春、秋各一次，即两次疫苗接种的时间通常在 3 ~ 4 月份、9 ~ 10 月份。成年牛：颈部上 1/3 处多点肌注牛 O-Asia1 型口蹄疫双价灭活苗，剂量 3 ~ 5 毫升/次；犊牛：4 月龄后首免，免疫剂量是成年牛的一半，即 2 毫升/次；间隔 6 个月免疫一次。免疫抗体产生不佳的牛只，再用牛 O 或 Asia1 型单价灭活苗肌注进行补免。

8.1.4 监测与净化技术措施

口蹄疫疫苗免疫后免疫抗体监测在注射疫苗后 1 个月采集血清进行抗体效价水平检测。O 型、Asia1 型液相阻断 ELISA，免疫 30 天抗体效价 $\geqslant 2^6$ 为免疫合格。全场奶牛每年春秋两次进行结核和布鲁氏菌病“两病”检疫监测，检出的布病阳性牛全部捕杀，结核阳性病牛隔离净化培育健康犊牛。

8.1.5 消毒技术措施

选择对人、奶牛和环境比较安全，对设备没有破坏，在牛体内不会蓄积的广谱、高效、低毒、低温下消毒效果比较好的消毒剂。常选用的有次氯酸盐、有机碘混合物、过氧乙酸、生石灰、氢氧化钠、高锰酸钾、硫酸铜、新洁尔灭、百毒杀、酒精等。

消毒的方法：

(1) 喷雾消毒：用0.2% ~0.5%过氧乙酸、0.3%次氯酸盐、0.5%百毒杀，用喷雾器进行喷雾消毒，主要用于牛舍消毒、带牛环境消毒、牛场道路和周围消毒、进入场区的车辆消毒。

(2) 浸液消毒：用0.1% ~0.5%新洁尔灭水溶液洗手、洗工作服和胶靴。

(3) 紫外线消毒：对人员入口处设紫外线灯进行照射消毒。

(4) 喷撒消毒：在牛舍周围、入口、产床和牛床下面撒生石灰或3%火碱消毒。

消毒内容：

(1) 环境消毒：牛舍周围环境、运动场，每周用2%火碱消毒或撒生石灰1次。

(2) 人员消毒：工作人员进入生产区时更换工作服后，用紫外线消毒，工作服不准穿出场外。

(3) 牛舍消毒：每班牛下槽后，牛舍彻底清扫干净，用高压水枪冲洗后进行喷雾消毒。

(4) 用具消毒：每周对饲喂用具、料槽和饲料车等进行消毒，常用0.1%新洁尔灭或者0.2% ~0.5%过氧乙酸消毒。

(5) 带牛环境消毒：每15天进行一次带牛环境消毒，以减少传染病和肢蹄病等的发生。用于带牛环境消毒的消毒药有：0.1%新洁尔灭，0.3%过氧乙酸，0.1%次氯酸钠。带牛环境消毒应注意的是要避免消毒剂污染牛奶。

(6) 牛体消毒：挤奶、助产、配种、注射治疗以及任何对奶牛进行接触操作前，先将牛有关部位如乳房、乳头、阴道口和后躯等进行消毒擦拭，以降低细菌数，保证奶牛健康。

8.2　8511农场完达山良种奶牛责任有限公司奶牛场

8.2.1　场区防疫环境特点

1. 场区地理环境特点

完达山良种奶牛责任有限公司奶牛场位于黑龙江省密山市兴凯镇八五一一农场，该牧场是为完成农业部“率先实现农业现代化—高产高效奶牛饲养示范场”项目而建的一座现代化奶牛场。牧场占地面积7万平方米，建筑面积3万平方米，设计饲养规模为1 700头。地理位置在北纬45°37′~46°03′，东经131°47′~132°20′。属中温带大陆性季风气候，全年平均气温3.1℃，年降水量554毫米。

2. 场址选择及布局

完达山良种奶牛场建立在交通方便、水质良好、水量充沛、地势高燥、环境幽静、无有害气体、烟雾、灰沙及其他污染的地区，并且远离学校、公共场所、居民住宅区。场内的饲养区、生活区布置在场区的上风、高燥处，兽医室、产房、隔离病房、贮粪场和污水处理池布置在场区的下风、较低处。场区内的道路坚硬、平坦、无积水。牛舍、运动场、道路以外有绿化带。场区牛舍坐北朝南，坚固耐用，宽敞明亮，排水通畅，通风良好，能有效地排出潮湿和污浊的空气。牛舍主体采用轻钢、彩板结构，场内有与现代化生产配套的电视监控系统、榨乳厅、饲料贮藏与加工、粪污加工（生物有机肥生产线）等附属设施（见图8－1）。

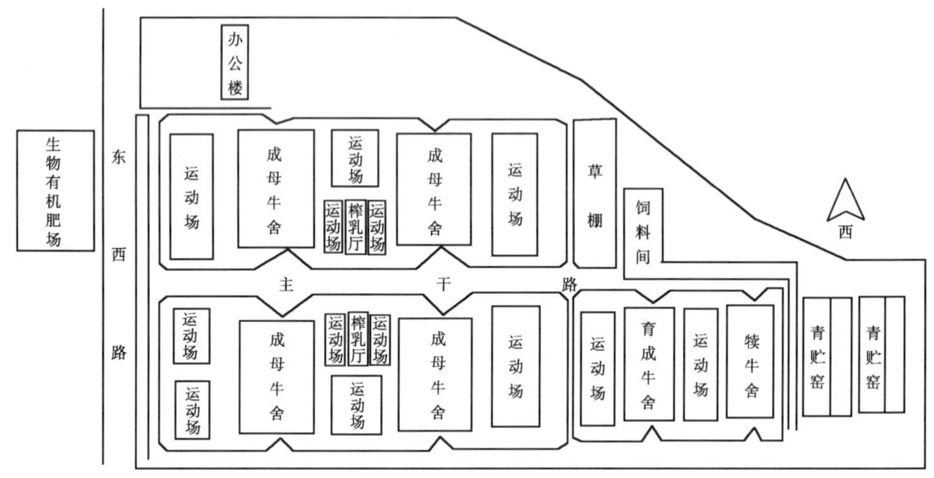

图8－1　8511农场完达山良种奶牛责任有限公司奶牛场平面布局图

3. 养殖场防疫环境

该奶牛场周边无重大疫病和流行病发生。

8.2.2　防疫管理措施

1. 防疫设施

饲养区门口通道地面设3.8米×3米×0.1米的消毒池，人行通道除设地面消毒池外，增设紫外线消毒灯。场区内设有更衣室、厕所、淋浴室、休息室。更衣室内按人数配备衣柜，厕所内有冲水装置、非手动开关的洗手设施和洗手用的清洗剂。场内设有与生产能力相适应的微生物和产品质量检验室，并配备工作所需的仪器设备和经专业培训、考核合格的检验人员。场内设有专用危险品库房、橱柜，存放有毒、有害物品，并贴有醒目的“有害”标记。在使用危险品时经专门管理部门核准并在指定人员的严格监督下使用。

2. 防疫管理

完达山良种奶牛场采用奶牛分阶段保健（用体况评分法管理牛群、防重于治关键阶段）措施。奶牛场所有出入口设有消毒池，车辆出入口消毒池尺寸：长×宽×深≥6米×3米×0.3米。池内保持有效的消毒液量及浓度，一般用2%的火碱或1∶800倍的消毒威。门口配备高压消毒枪，对进场车辆进行消毒。建立了出入登记制度，奶牛场谢绝参观，非生产人员不得进入生产区。生产区与生活区间设立隔离带，并设立更衣室，更衣室具有紫外线灯、消毒垫及衣物消毒设施。职工进入生产区须穿戴工作服，穿过消毒通道，洗手消毒方可入场。牛粪定点堆放，定期喷洒杀虫剂，防止蚊蝇滋生。奶牛场设专门供粪车等污染车辆通行的道路。奶牛场员工每年进行一次健康检查，如患传染性疾病应及时在场外治疗，痊愈后方可上岗。新招聘员工经健康检查，需确定无结核病与其他传染病。规定奶牛场员工家中不得饲养偶蹄动物，不得互串车间，各车间生产工具不得互用。在奶牛场不得饲养其他种类的畜禽，禁止将畜禽或其产品带入场区。

8.2.3　免疫技术措施

该场对口蹄疫的免疫采取每年免疫三次的免疫程序，分别在2～3月份、6～7月份、10～11月份免疫。疫苗选用牛口蹄疫O-Asia1型双价灭活苗。成年牛：颈部上1/3处多点肌注牛，剂量参考说明书；犊牛：4月龄首免，以后间隔4个月免疫一次。针对免疫抗体产生不佳的牲畜，及时用牛O或Asia1型单价灭活苗或双价苗肌注补免。

8.2.4　监测与净化技术措施

口蹄疫免疫25天后进行免疫效果监测，如果抗体水平达不到要求，立即补针。

8.2.5　消毒技术措施

奶牛场每月进行一次全场大消毒；运动场、牛舍、挤奶厅、饮水器、采食槽每周消毒一次。牛舍的全面消毒，按畜舍排空→清扫→洗净→干燥→消毒→干燥→消毒顺序进行；工作人员进入生产区要更换清洁的工作服和鞋、帽，手洗净消毒后，穿上生产区的水鞋或其他专用鞋，通过脚踏消毒池进入生产区。发生疫病威胁时进行紧急消毒（见表8－1）。

表8－1　8511农场完达山良种奶牛场常用消毒剂

消毒剂名称	浓度	适用范围
消毒威	1∶800	牛舍内消毒、洗手消毒
万福金安	1∶200	牛舍内消毒、洗手消毒
火碱	2%～3%	牛舍外环境、门口消毒池
Delaval乳头药浴液	1∶10	乳头药浴消毒
聚维酮碘、硫酸铜、福尔马林	5%	蹄浴液

8.3 牡丹江龙大股份有限公司奶牛场

8.3.1 场区防疫环境特点

1. 场区地理环境特点

牡丹江龙大股份有限公司高产奶牛基地位于黑龙江省牡丹江市阳明区铁岭村三道镇，奶业基地占地面积4 万平方米，新建6 座现代化的牛舍，建筑面积共3 600平方米，奶牛 1 800头。牛场常年平均温度 3.3℃，光照充足，较温寒的气候利于高产奶牛的繁育。

2. 场址选择及布局

本奶牛场建立在地势高燥、水质良好、排水方便的地方，距离城市 15 千米，离主要公路交通干线500 米，离屠宰场和最近的市场分别为 10 千米和 7 千米。根据牛场疫病综合防控的需要，养殖场区划分为生产区、管理区和生活区，各个功能区之间的间距大于 50 米。牛舍之间距离不少于 10 米。且各区之间均有隔离屏障（见图 8－2）。

3. 养殖场防疫环境

牛场内和周边地区近年来未发生重大奶牛疫病。

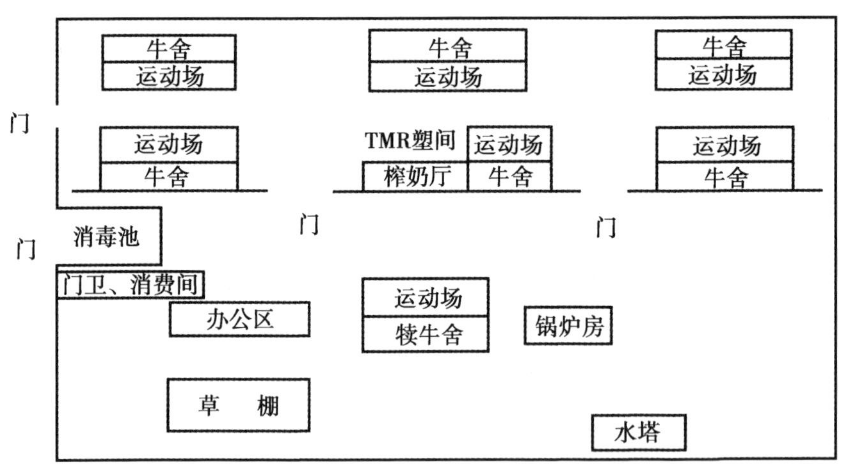

图 8－2　牡丹江龙大股份有限公司奶牛场平面布局图

8.3.2 防疫管理措施

1. 防疫设施

奶牛场建设有现代化配套设施污水池、粪收集池、下水道等设施，并坚持每月消毒1 次。奶牛场大门口设有常规消毒池，消毒池的长度为 5 米以上、深度大于 0.2 米，每周更换消毒液 2 ~3 次，进出人员车辆均进行消毒。场内设有微生物和产品质量检验室，并配备相应仪器设备和检验人员。

2. 防疫管理

牛场入口设有消毒池及杀菌设备，严格作好人员及车辆的消毒工作。坚持自繁自养，对新购入的牛只必须具有完整的手续，经隔离观察和检疫后确认无传染病者方可归群。对妊娠母牛和犊牛进行补硒以预防硒缺乏症和提高奶牛免疫力，妊娠牛临产前2月开始补硒，每半月一次，分点注射。犊牛出生后3日龄内肌注补硒，每半月注射一次，连注三次，补硒时须分点注射以利于吸收。对妊娠牛和犊牛进行额外护理，如妊娠牛分娩后立即进行修蹄；犊牛20日龄后驱虫，60～70日龄时断角。注重奶牛重要疾病的普查和预防，每月5日进行一次隐性乳房炎的检测，做到早发现，早治疗。每年4月和10月进行修蹄和蹄部药浴。

8.3.3 免疫技术措施

牡丹江龙大股份有限公司奶牛场免疫口蹄疫O-Asia1型双价苗，每3个月免疫一次（分别在3月20日、6月20日、9月20日、12月20日进行免疫）。每次免疫，成年母牛分两次注射（产前15天和产后1月内的奶牛除外），间隔5天，剂量为1.0毫升、1.0毫升，共计2.0毫升/头。犊牛分三次注射，每次间隔2天，剂量为0.3毫升、0.3毫升、0.4毫升，共计1.0毫升/头。瘦弱，患病及产前1个月内妊娠牛禁止免疫，待痊愈健康、恢复体况后再行接种。

8.3.4 监测与净化技术措施

在免疫接种后1个月进行抗体效价的测定，以评估免疫效果。对口蹄疫隐性带毒和持续感染牛采用非结构蛋白ELISA试剂盒进行检测，呈阳性的隔离饲养，并逐步达到免疫无口蹄疫状态。每年春秋两季开展对布鲁氏菌病和结核“两病”的常规检疫，阳性牛按规程处理。

除对奶牛重要传染病加强检疫、逐步净化外，对影响奶牛生产的重要疫病，如奶牛乳房炎、子宫内膜炎、肢蹄病和寄生虫病也进行定期的检疫、用药，使牛群处在一个健康的环境中。

8.3.5 消毒技术措施

牛场入口设有消毒池及杀菌设备，严格做好人员及车辆的消毒工作，一般情况下谢绝参观。

牛舍每周三、周日，运动场每10天进行消毒。时间是当天中午。采用的药物要求酸性和碱性隔周交替使用。犊牛舍内每周消毒3次，必要时每天消毒1次。

第九章　华北地区规模养殖场口蹄疫防控技术示范基地

9.1　北京三元绿荷奶牛养殖中心长阳四场

9.1.1　防疫环境

1. 场区地理环境特点

华北地区的北京、天津、河北、山西、内蒙古为我国奶业优势省，占据全国奶业优势省（区、市）的5/7。北京三元绿荷奶牛养殖中心是国内最大的纯种荷斯坦奶牛养殖专业化集团，下设28个奶牛场，奶牛总存栏3.2万头，成年母牛存栏1.5万头，年产优质原料奶1.5亿千克，是北京鲜奶市场的主要组成部分。牛奶质量达到世界先进水平，荣获国家绿色食品A级证书。该中心在动物疫病防控中有设施完善、技术力量强大的三元畜牧兽医工作站。北京地区自2005年5月发生Asia1型口蹄疫以后，由于措施得力疫情扑灭彻底，未造成大面积流行。

三元绿荷奶牛养殖中心长阳四场饲养规模1 000多头，品种为荷斯坦黑白花奶牛，是我国具有代表性的奶牛养殖场。该场位于北京市房山区东部，是房山区的东大门，介于房山、丰台、大兴交汇处，属城乡结合部，距市区仅15千米。牛场占地东西长约300米，南北长约350米，总面积约150亩。东距长周路约600米，南距南六环路约1.8千米，西距京石高铁约1千米，北距仁和酒厂约200米。

房山区属北温带大陆性半干旱季风性气候区，四季分明，春季少雨多风，夏季炎热多雨，秋季秋高气爽，冬季寒冷干燥。房山区地处山地与平原的过渡地带，山地约占74%，平原约占26%。平原地区三面环山，各山嵴大致可连成一条平均海拔1 000米左右的弧形天然屏障，形成山前山后气候的大然分界线。由于这种地形的影响，北京的气候具有明显的地域差异。山前一带为多雨区，年降水量为650～750毫米；山后和平原南部地区为少雨区，年降水量为400～500毫米。夏季降水量占年降水量的74%。平原地区年平均气温11～13℃；年无霜冻期190～200天；平均气温在4.2℃左右；气候资源较为丰富。

2. 场址选择及布局

长阳四场位于北京市东南部五环路和六环路之间，属于城乡结合部，周边农村城市化发展快，农村口蹄疫易感动物稀少，周边没有偶蹄动物交易市场和屠宰场。北京四季北风居多，该场位于北京市下风口，是20世纪50年代至60年代建造的国营奶牛养殖场，后经过扩建，养殖规模和养殖条件得以改善，现在是具有代表性的规模养殖场。场区面积150亩，包括生活区、办公区和饲养区。饲养区包括4个生产车间、一个产房、犊牛岛和后备牛饲养区，两个草场以及辅助区技术室、青储窖和粪场等设施（见长阳四场平面布局图）。

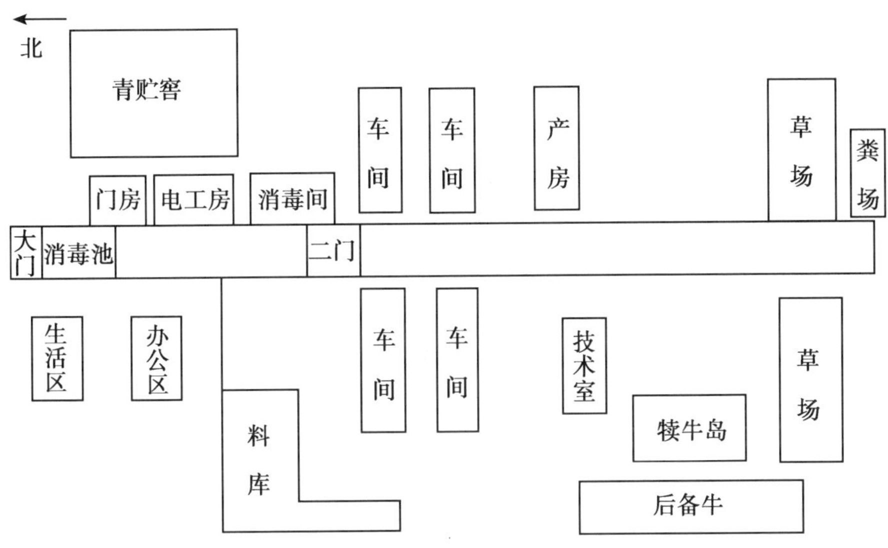

图 9－1 北京三元绿荷奶牛养殖中心长阳四场平面布局图

3. 养殖场防疫环境

北京地区 2005 年发生过 Asia1 型口蹄疫，长阳四场采取积极有效的防疫措施，常年坚持安全养殖，免疫防疫工作效果显著，疫情未对本场造成影响。

9.1.2 防疫管理措施

1. 防疫设施

奶牛场所有出入口设立消毒池，车辆出入口消毒池尺寸：长×宽×深≥6 米×3 米×0.3 米。池内保持有效的消毒液量及浓度，一般用 2% 的火碱或 1∶800 倍的消毒威。门口配备高压消毒枪，对进场车辆进行消毒。生产区与生活区之间设立隔离带，并设立更衣室。职工进入生产区，需通过消毒间进行紫外灯照射及洗手消毒后方可入场。定点堆放牛粪，奶牛场设立专门供粪车等污染车辆通行的道路。牛只死亡应作无害化处理，尸体接触过的器具及其所处的环境做好清洁消毒工作。淘汰牛及出售牛只经检疫并取得检疫合格证明后方可出场。运牛车辆经过严格消毒后方可进入指定区域装牛。奶牛发生疑似传染病或附近牧场出现烈性传染病时，应立即采取隔离封锁及其他应急措施。牛场设立了化验室，能够及时化验检测牛奶质量。疫病防疫检测，由三元兽医工作站统一进行，场区采样由公司兽医站检验分析，防疫用疫苗、消毒剂等由公司兽医站统一调配。

2. 防疫管理

饲养管理：在饲养管理上以做好牛奶质量控制为工作核心，认真抓好牛奶质量控制的每一环节。首先是严把饲料质量关，确保奶牛采食优质全价饲料，其次加强资料分析工作，根据牛群日常管理和生产情况、繁殖和健康保健状况等资料及时进行分析，发现问题，及时向生产副场长汇报，并帮助解决。

兽医卫生管理：春秋两季进行布病、结核、副结核病的检疫，以及口蹄疫、炭疽、传染性牛鼻气管炎的免疫注射。严格药品使用规定，遵守药品管理制度，杜绝丢失和浪费。严格器械消毒工作，一牛一针，每班用后及时消毒。指导消毒工作，做好消毒药的使用、消毒液的配制、消毒的操作。做好奶牛卫生保健工作，降低发病率。搞好环境卫生，保持室内清洁卫生，药品、器械摆放整齐。

人员管理：奶牛场员工不得饲养偶蹄动物，不得互串车间，各车间生产工具不得互用。在奶牛场不得饲养其他种类的畜禽，禁止将畜禽或其他产品带入场区。

库管物流管理：饲料统一经绿荷检验后入库。饲料入库时要做到：入库、检验、记账数量准确，入库手续要由两人经手，严把质量关。收货要填写入库单，要求内容齐全，字体清楚。饲料要求摆放整齐，各种品种分类明确，做到各种饲料品种及摆放地点心中有数。饲料存放要做到先进先出，防腐、防虫、防鼠。饲料名称入库与出库要前后一致，确保盘存数量准确，清晰。兽药出入库要手续完备，每次入库时，要见货即点、货单相符。药品入库要认真检查，以免有过期药品。真实、准确地向场长、供应部门反映饲料结存情况，以保证生产经营的正常运转。饲料和兽药要做到日清月结，月末清点实物，做到账实相符。如有不符查明原因方可入库。

环境消毒：奶牛场每月进行一次全场大消毒；运动场、牛舍、挤奶厅、饮水器、采食槽每周消毒一次。消毒药的浓度及用途如下：消毒威1∶800，牛舍内消毒、洗手消毒；万福金安1∶200，牛舍内消毒、洗手消毒；火碱2%～3%，牛舍外环境、门口消毒；DelaVal乳头药浴液1∶10，乳头药浴消毒；5%聚维酮碘、硫酸铜、福尔马林，蹄浴液。

9.1.3 免疫与检测

长阳四场使用疫苗由三元兽医工作站统一供应，疫苗按规定保存，注射时如遇瓶盖松动、破裂、瓶内有异物或凝块应弃用。免疫时应做好详细记录，首免牛应及时佩戴免疫耳标。免疫时应详细记录疫苗生产厂家、批号、操作人员等。注射所用的针头、针管等器具应事先进行消毒，注射部位经剪毛消毒后注射疫苗，严禁飞针方式注射，注射时针头逐头更换，禁止一个注射器供两种疫苗使用。严格按照疫苗规定说明使用。注射疫苗时，应备足肾上腺素等抗过敏药。疫苗包装容器使用后应焚烧深埋。奶牛场口蹄疫免疫程序为犊牛首免时剂量为每头牛 2 毫升，一个月后加强免疫时剂量为每头 3 毫升；其他后备牛及成乳牛免疫剂量为每头 3 毫升。常规免疫坚持每 4 个月免疫一次。定期检测：奶牛场免疫后 25～35 天期间，分别采 15 头成年母牛和 10 头后备牛血样监测 O 型及 Asia1 型口蹄疫抗体效价。根据监测结果，评估免疫效果，适时进行补免。

定期进行感染与免疫鉴别诊断，对可疑动物配合北京市动物疫病预防控制中心采O/P 液样品进行病原学检测，如果发现阳性动物加大可疑动物的排查，及时按照国家有关规定对 O/P 液样品检测阳性动物进行无害化处理，防止口蹄疫隐性带毒。加强信息交流，了解周边疫情动态，奶牛场发生疑似传染病或附近牧场出现烈性传染病时，应立即采取隔离封锁及其他应急措施。

9.2 北京华都种猪繁育有限责任公司西部原种场

9.2.1 防疫环境

北京华都种猪繁育有限责任公司是农业产业化国家重点龙头企业北京华都集团（原北京市畜牧局）所属国有企业，2009年归并于北京三元集团，是集种猪繁育、生产、销售为一体的大型育种公司，是全国26家国家级原种猪选育单位之一、中国畜牧业协会猪业分会副会长单位、全国联合育种协作组成员单位、北京畜牧业协会养猪业分会副理事长单位、中国养猪学分会常务理事单位、北京农业标准化优秀生产单位。公司下设原种猪场二座、原种扩繁场二座及年产万吨的饲料厂一座。现存栏基础母猪2 200头，公司在1999年、2005年分三次从国外直接引入法系、美系种猪共计400余头，形成了以美系、法系原种为基础的两大原种猪繁育体系，猪场总存栏量约19 800头。

提高猪的养殖水平，改良猪源品种，加大养殖规模是养猪业的发展方向，但种猪往往是疫病的传染源，而且优良品种猪又是多种疫病的易感宿主，只有干净的种源才能确保养猪的安全，选择种猪场为示范点，防止随着种猪调运扩散疫情。

1. 场区地理环境特点

西部原种猪场位于北京市密云县东邵渠镇西邵渠村，为暖温带季风型大陆性半湿润半干旱气候，干湿冷暖变化明显，相对湿度为61%，年平均气温为10.8℃，阳光充足。

2. 场址选择及布局

离干线公路、铁路、城镇居民区和公共场所3 000米以上，小山环绕猪场四周，是天然的防疫屏障。全年主导风向为东北风，平均风速2.4米/秒。场内根据功能分区布局，共分为四区：管理区、生活区、生产区和粪污处理区。

养殖场防疫环境：周边地区及场内均无重大疫病发生。

9.2.2 防疫管理措施

防疫设施：管理区内设有隔离室、紫外线消毒室、淋浴室，供进场人员进出淋浴、更衣、消毒使用；生活区与管理区相邻，中间设有二次更衣室、紫外线消毒室；场区大门口、生产区入口及各栋舍门口均设有消毒池；生产区内设有焚尸炉，病死猪只均无害化处理；场内的污水通过管道排到污水处理区，经过处理后可循环使用或灌溉农田。

防疫管理：猪场严格执行公司制定的饲养管理标准（见附录4《华都种猪场种猪饲养管理规程》），按照四阶段生产工艺，实行全进全出饲养。公司有自己的饲料厂，完全按照营养需要配制全价日粮，满足不同生长阶段猪只的营养需要。公司设有主管兽医，统筹管理各猪场兽医工作，猪场设有主管兽医和防疫员，严格执行公司疫病防治规章制度（见附录5《北京华都种猪繁育有限责任公司疫病防治规章制度》）及防控重大疫情应急预案（见附录6《华都集团防控重大疫情（如口蹄疫等）应急预案》）。进场物品均需经过消毒、隔离处理方可入场，非本公司车辆未经批准一律不准进入场

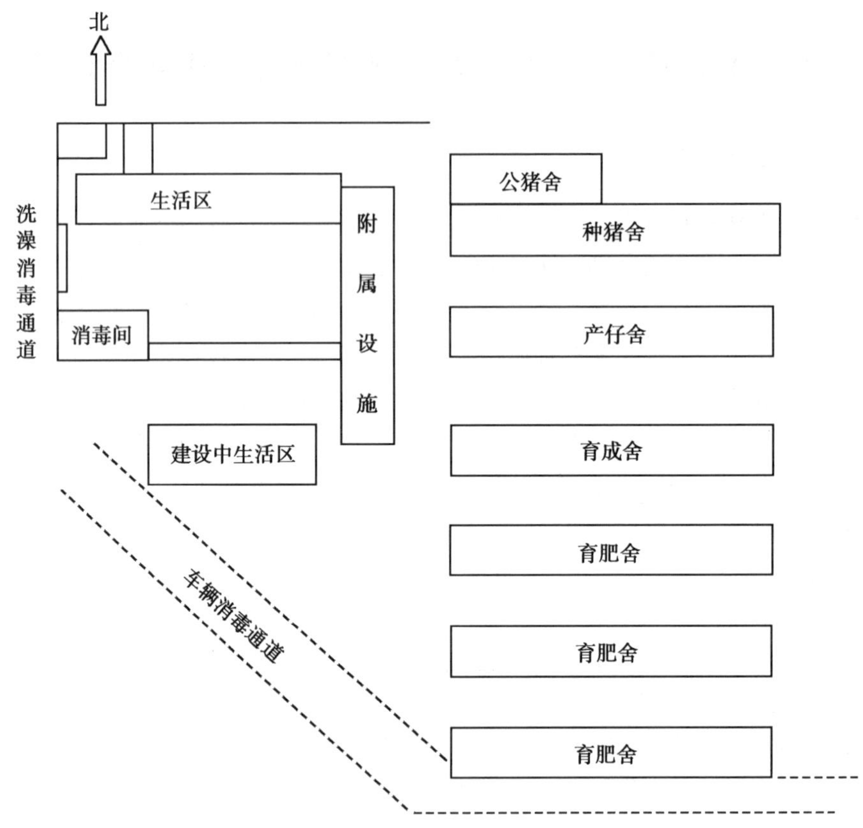

图 9－2　北京华都种猪繁育有限责任公司西邵原种场平面布局图

区。批准进场的车辆及装猪车辆需经过严格消毒入场。

9.3　北京华都种猪繁育有限责任公司卸甲山原种场

9.3.1　场区防疫环境特点

场区地理环境特点：卸甲山猪场位于北京市密云县西田各庄卸甲山村，为暖温带季风型大陆性半湿润半干旱气候，干湿冷暖变化明显，相对湿度为61%，年平均气温为10.8℃，阳光充足，空气质量好于一级。

场址选择及布局：离干线公路、铁路3 000米以上，离城镇居民区和公共场所1 000米以上。全年主导风向为东北风，平均风速2.4米/秒。场内根据功能分区布局，共分为四区：管理区、生活区、生产区和粪污处理区。布局图见下。

养殖场防疫环境：周边地区及场内均无重大疫病发生。

9.3.2　防疫管理措施

防疫设施：管理区内设有隔离室、紫外线消毒室、淋浴室，供进场人员进出淋浴、

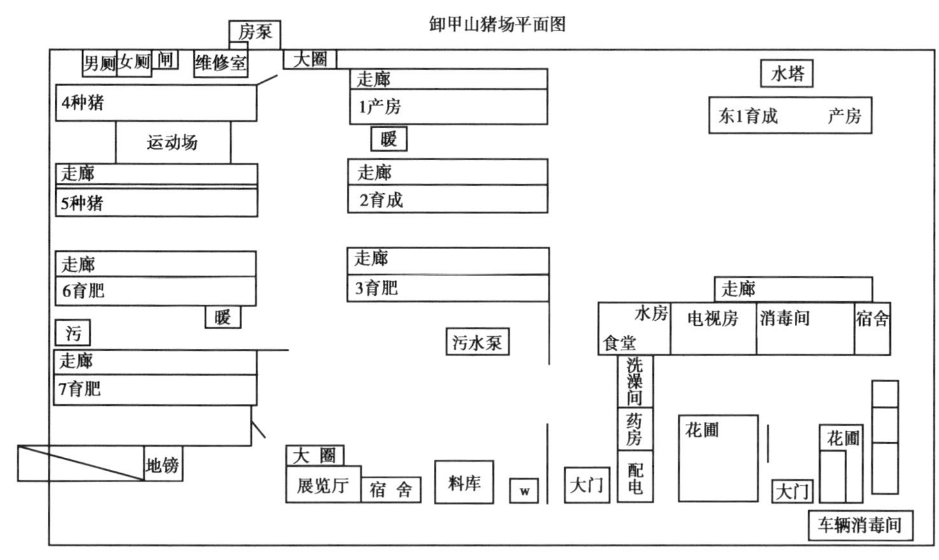

图9－3　北京华都种猪繁育有限责任公司卸甲山原种场平面布局图

更衣、消毒使用；场区大门口、生产区入口及各栋舍门口均设有消毒池；生产区内设有焚尸炉，病死猪只均无害化处理；场内的污水通过管道排到污水处理区，经过处理后可循环使用或灌溉农田。

防疫管理：猪场严格执行公司制定的饲养管理标准，防疫管理措施同北京华都种猪繁育有限责任公司西邵原种场。

9.4　北京华都种猪繁育有限责任公司银冶岭原种场

9.4.1　场区防疫环境特点

场区地理环境特点：银冶岭原种场位于北京市密云县东邵渠镇银冶岭村南。场区离干线公路、铁路、城镇居民区和公共场所3 000米以上，小山环绕猪场四周，是天然的防疫屏障。全年主导风向为东北风，平均风速2.4米/秒。场内根据功能分区布局，共分为四区：管理区、生活区、生产区和粪污处理区。周边地区及场内均无重大疫病发生。

9.4.2　防疫管理措施

防疫设施：管理区内设有隔离室、紫外线消毒室、淋浴室，供进场人员进出淋浴、更衣、消毒使用；生活区与管理区相邻，中间设有二次更衣室、紫外线消毒室；生活区与生产区间设有更衣室，员工须经更衣后方可进入生产区；场区大门口、生产区入口及各栋舍门口均设有消毒池；生产区内设有兽医室、焚尸炉，病死猪只均无害化处理；场内的污水通过管道排到污水处理区，经过处理后可循环使用或灌溉农田。

防疫管理：猪场严格执行公司制定的饲养管理标准，防疫管理措施同北京华都种猪繁育有限责任公司西部原种场。

9.4.3 免疫技术措施

严格执行程序免疫和定期检测，制定科学合理的免疫程序，严格按照免疫程序对猪群进行疫苗接种。主要免疫防控口蹄疫、猪瘟、乙脑、伪狂犬、细小病毒、蓝耳病等，口蹄疫免疫程序：种猪：成年母猪，产后 30 天，4 毫升/头，公猪，每年免疫 3 次，4 毫升/头（2 月、6 月、10 月），后备猪，配种前 20 天，4 毫升/头；仔猪（哺乳至育肥段），30 日龄，2 毫升/头，70 日龄，3 毫升/头，130 日龄，4 毫升/头。每年春秋两季对每一个养殖场抽取 5% ~10% 血清样品，进行免疫抗体水平的监测，根据监测结果及时补免。

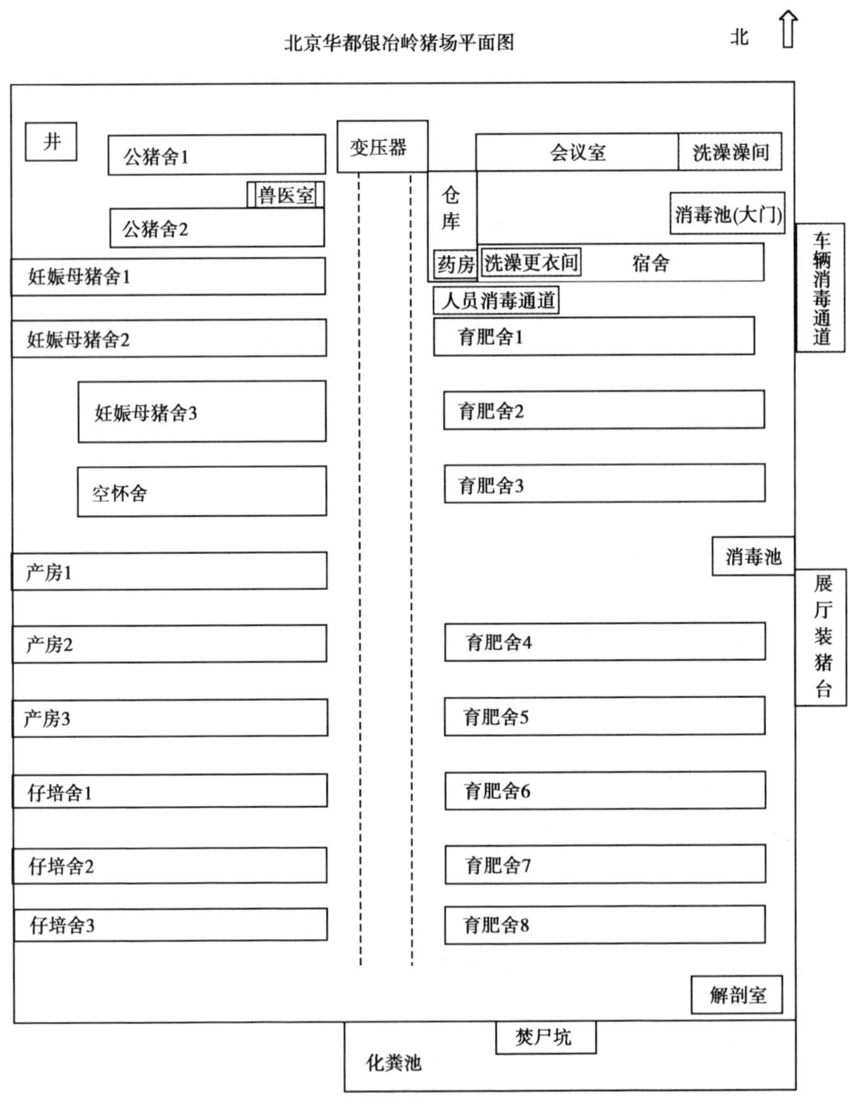

图 9-4 北京华都种猪繁育有限责任公司银冶岭原种场平面布局图

表 9－1　北京华都种猪繁育有限责任公司银冶岭原种场

车间	群体	疫苗种类	注射剂量	注射时间	备注
种猪段	成年母猪	猪瘟	4 头份	产后 25 天	
		口蹄疫	4 毫升	产后 30 天	
		乙脑	2 头份	每年 4 月份	
		蓝耳	4 毫升	产后 14 天	
		伪狂犬	2 头份	3 次/年	2 月、6 月、10 月
		细小病毒	2 头份	产后 3 天	
	成年公猪	猪瘟	4 头份	春秋两季	3 月、9 月
		蓝耳	4 毫升	4 次/年	3 月、6 月、9 月、12 月
		口蹄疫	4 毫升	3 次/年	2 月、6 月、10 月
		伪狂犬	2 头份	3 次/年	2 月、6 月、10 月
		乙脑	2 头份	每年 4 月份	
		细小病毒	2 头份	春秋两季	3 月、9 月
	后备猪	猪瘟	4 头份	配前 1 个月	
		蓝耳	4 毫升	公猪：配种前 60、40 天	母猪：配种前 45、25 天
		口蹄疫	4 毫升	配前 20 天	
		伪狂犬	2 头份	配前 30、15 天	
		细小病毒	2 头份	配前 40、25 天	
哺乳段	哺乳仔猪	猪瘟	2 头份	产后 25 天	
		口蹄疫	2 毫升	30 日龄	
		伪狂犬	1 毫升	35 日龄	
		瑞倍适	2 毫升	首免 5 日龄	首免后间隔 2 周做二免
		蓝耳	2 毫升	40 日岭	
仔培段	育成猪	猪瘟	4 头份	65 日龄	
		口蹄疫	3 毫升	70 日龄	
		蓝耳	2 毫升	80 日岭	

表 9－2　北京华都种猪繁育有限责任公司银冶岭原种场消毒程序

项目或内容		消毒液及浓度	消毒时间	负责人	配制方法
外来车辆（需进场的工程运料车）公司送料车		消毒威（0.2%） 火碱（3.0%）	即时		每 100 千克水兑一包即 200g 每 100 千克水兑 3 千克
生活区		消毒威（0.2%） 火碱（4%） （每周轮换一次）	每日喷雾消毒一次 每次客户走后		每 100 千克水兑一包即 200g 每 100 千克水兑 4 千克
大门及展厅门口消毒脚垫		火碱（4%）	每日整理加消毒液一次		每 100 千克水兑 4 千克
更衣室洗手盆及展厅一次性工作服		消毒威（0.2%） 来苏尔（1∶3） 一次性工作服 两种消毒药交替使用	每日整理加消毒液一次、及时用消毒威（0.2%）浸泡		每 100 千克水兑一包即 200g 每瓶兑 3 斤水 每次客户走后整理浸泡清洗消毒
洗澡间卫生		清扫	周一、周四		
洗澡间脚池		火碱（4%）	每周三、六		每 100 千克水兑 4 千克
舍内	种猪段	消毒威、过氧乙酸等	每周一、三、五		按使用说明配制
	产房段	消毒威、过氧乙酸等	每周一、三、五		
	仔培段	消毒威、过氧乙酸等	每周一、三、五		
	育肥段	消毒威、过氧乙酸等	每周一、三、五		
	售猪一次性工作服	各种消毒药每周轮换一次	每次售猪后即时浸泡清洗消毒		
各段脚池		火碱（4%）	每天下班前及猪群周转后即时	各段负责人	每 100 千克水兑 4 千克
场区清扫、整理			每周一次	各段负责自己所管区域	

（续表）

项目或内容	消毒液及浓度	消毒时间	负责人	配制方法
料库火碱池	火碱（4%）	每次卸料前		同上
装猪台	火碱（4%）和消毒威（0.2%）每周轮换一次	每次装猪前后		同上
注射器械	蒸煮消毒	每次用后及时		
料袋	高锰酸钾和甲醛熏蒸	周一、周四		按熏蒸空间计算（三级）
工作服	高锰酸钾和甲醛熏蒸（或清洗）	每周一、周五（每日晚上）		按熏蒸空间计算（二级）（消毒威、0.2%）
澡间消毒	高锰酸钾和甲醛熏蒸	每周一、周五		按熏蒸空间计算（二级）
环境消毒	火碱（4%）	春秋每周三次、夏冬每周二次		每100千克水兑4千克
场区消毒	火碱（4%）+石灰乳（20%）每季度全场场区喷雾消毒一次	每季度第四周		火碱（4%）、石灰乳（20%）
各段空舍净化消毒	火碱（4%）+石灰乳（20%）每次猪群周转后喷雾消毒一次	每次猪群周转空舍冲洗后及时进行	各段负责人	火碱（4%）、石灰乳（20%）

9.4.4　监测与净化技术措施

公司建有自己的兽医诊断实验室，常年进行免疫效果监测，并与中国兽药监察所合作开展猪瘟与伪狂犬的净化工作。

9.4.5　消毒技术措施

健全消毒制度，严格执行消毒制度。消毒包括带猪消毒和环境消毒及生产用具、用品的消毒。做好猪舍内外环境的消毒工作，由专人负责，认真落实到每一个生产环节。一般带猪消毒每周2～3次，在下午上班后开始，这时气温较高猪舍内很快干燥，同时在消毒后2～3分钟加强通风，降低猪舍湿度和消毒液的气味。消毒时采用喷雾的方式，必须全面到位如栏位、地面、饲槽、净道、脏道、墙壁、顶棚、其他设施等，绝不能留有死角。同时消毒液的浓度必须有效，喷洒均匀。

环境消毒一般每周1～2次，选择一个比较晴朗没有风的天气进行，方法同带猪消毒。

工作服消毒：一般采用熏蒸方法，每周二次。用21克高锰酸钾42毫升甲醛在温度21℃以上，湿度70%以上密闭熏蒸24小时。

生产用具消毒：针头、注射器及其他器械用完后立即蒸煮消毒，断尾钳、剪牙钳随用随消，粪铲、扫把、粪车用完后冲洗消毒。

净舍消毒：采用清（清理粪便杂物）——消（消毒3%火碱）——冲（冲洗）——干（干燥）——消（消毒）——熏（熏蒸）——烧（火焰消毒）——空（空置5~7天）的程序。

第十章　西南地区规模养殖场口蹄疫防控技术示范基地

10.1　乐山牧源种畜科技有限公司养殖场

10.1.1　养殖场环境特点

1. 场区地理气候环境

该场位于四川省乐山市井研县马踏镇，属龙泉山脉尾部浅丘地带。场区四季分明，雨量充沛，冬无严寒，夏无酷暑，年平均气温 17.2℃，年平均日照总数 1 134.6小时，年平均降雨量 1 025.8毫米。全年无霜期 334 天。

2. 场址选择及布局

该场距省道自（贡）雅（安）线、马踏镇（居民区、集市）1 千米，距县城（研城镇）、屠宰场 15 千米，茫溪河环绕本场东、西、北面。办公区、生活区、生产区分开。场内花草绿树成荫，是典型的花园式生态猪场。

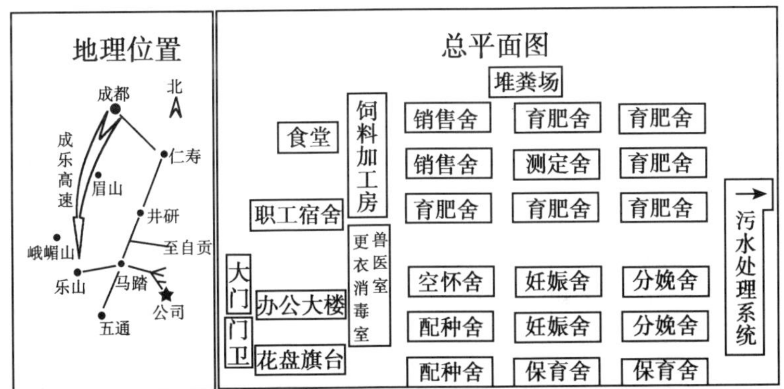

图 10－1　乐山牧源种畜科技有限公司养殖场平面布局图

3. 养殖特点及规模

该场前身是乐山市畜牧局下属机构，于 2002 年从乐山市肖坝搬迁至井研县马踏镇，由井研县食品有限责任公司（占总投资 60%）和乐山市畜牧局（占总投资 40%）合资兴办的集约化大型养猪场。全场占地 120 亩，建标准化猪舍 18 幢，每幢1 200平方米，是规模宏大、功能齐全、环境优美、设备先进的集约化、工厂化、现代化良种猪繁育场。

4. 养殖场防疫环境

场区三面环水，形成天然防疫隔离屏障。四周无大型养殖场，周边地区及场内重大动物疫情防控常年处在省、市、县动物防疫监督机构的指导监督之下，从未出现过口蹄疫等动物重大疫病的发生和流行。

10. 1. 2 防疫管理措施

1. 防疫设施

围墙：整个场区设围墙。生产区、生活区、办公区用围墙和绿化带隔离。

生物安全通道：生产区建设了生物安全通道。

消毒池：场区大门及每幢猪舍建有消毒池。

消毒室：场区大门及“生物安全通道”设有紫外线消毒（更衣）室。

硬化道路：场区道路硬化，雨水与污染水分离。

隔离圈：建有病畜隔离圈。

兽医室：建有专用兽医室、诊断室。

无害化处理池：建有病死猪厌氧发酵无害化处理池。

污水处理：拥有全套先进的污水处理系统，污水排放达到国家标准。

2. 防疫管理

（1）饲养管理。制定了《输精操作程序》、《配种妊娠舍工作程序》、《母猪饲喂制度》、《分娩舍工作程序》、《配种舍操作规程》、《分娩舍操作规程》、《保育舍操作规程》、《肥育舍操作规程》等程序、制度、规程，实行制度化、程序化、规程化、标准化饲养管理。

（2）兽医卫生管理。根据《西南地区规模化养殖场口蹄疫综合防控技术规范》（附录6）和 GB/T20014—2008《良好农业规范》国家标准编制了本场 JSP-GAP-C-01《卫生防疫管理制度》、JSP-GAP-C-02《卫生标准》、JSP-GAP-C-23《废弃物处理程序》、JSP-GAP-B-02《兽医健康计划》、JSP-GAP-B-07《有害生物控制计划》、JSP-GAP-B-11《疫情控制计划》等程序文件和《乐山牧源种畜科技发展有限公司卫生防疫管理条例》，严格进行兽医卫生管理。

（3）人员管理。根据 GB/T20014—2008 编制了本场 JSP-GAP-A-04《组织机构及其职责》、JSP-GAP-A-05《人员的能力和培训》、JSP-GAP-B-11《人员培训控制程序》、JSP-GAP-C-25《员工上岗资质要求》，明确了管理人员、饲养人员、技术人员、后勤保障人员的职责，规范员工的行为。禁止外来人员进入场。

（4）物流管理。场内设销售展示大厅，生产区安装了视频装置，采购或管理人员只能在展视大厅参观或选购生猪，不得进入生产区。养殖区生猪、物资按规定通道流动。坚持自繁自养，每舍生猪基本做到了全进全出，经县饲料办备案的饲料及饲料添加剂方可入场，废弃物经无害化处理达到国家标准后排放。

10.1.3　免疫技术措施

根据《西南地区规模化养殖口蹄疫综合防控技术规范》和GB/T20014—2008《良好农业规范》国家标准编制本场JSP-GAP-B-02《兽医健康计划》、JSP-GAP-C-01《卫生防疫管理制度》。免疫注射由场内兽医按规程操作，要求做到部位准、剂量足、消毒严。免疫程序如下表。

表10－1　乐山牧源种畜科技发展有限公司免疫程序表　（后备母、公猪）

病名	免疫量	免疫方法	免疫时间	备注
喘气病	1头份	肌注	入配种舍第3天	21天后加强免疫
猪瘟脾淋苗	2～4头份	肌注	第8天	
口蹄疫	1头份	肌注	第13天	14天后加强免疫
蓝耳病活疫苗	1头份	肌注	配种前8周	依兽医处方而定
乙型脑炎灭活疫苗	1头份	肌注		
细小病毒灭活疫苗	1头份	肌注	与前一种疫苗分别相隔5天	蚊虫出现前免，并加强
伪狂犬病基因缺失疫苗	1头份	肌注		

以上免疫在配种前2周完成，每种疫苗间隔不少于5天。种公猪以后每半年再加强一次。伪狂犬每4个月免疫一次。口蹄疫3个月1次。蓝耳病疫苗在仔猪首免后四月进行免疫，以后与经产母猪同步。

表10－2　乐山牧源种畜科技发展有限公司免疫程序表　（种公猪）

病名	免疫量	免疫方法	免疫时间	备注
喘气病	1头份	肌注	1月和7月	
猪瘟脾淋苗	1～2头份	肌注	2月和8月	
口蹄疫	1头份	肌注	3个月1次（时间：2月，5月，8月，11月）	
蓝耳病活疫苗	1头份	肌注	每年免疫3次（时间：4月，8月，12月）	依兽医处方而定
乙型脑炎灭活疫苗	1头份	肌注	每年蚊虫出现前免疫（时间：3月，9月）	每次免疫后14～21天做加强
细小病毒灭活疫苗	1头份	肌注	3月和9月	
伪狂犬病基因缺失疫苗	1头份	肌注	3个月1次（3月，6月，9月，12月）	

表 10－3 乐山牧源种畜科技发展有限公司免疫程序表 （经产母猪）

病名	免疫量	免疫方法	免疫时间	备注
猪瘟脾淋苗	2～4 头份	肌注	产后 15 天	
细小病毒灭活疫苗	1 头份	肌注	产后 10 天	
乙型脑炎灭活疫苗	1 头份	肌注	产后 10 天	12，1，2 月可不免
口蹄疫	1 头份	后海穴注射	3 个月 1 次（时间：1 月，4 月，7 月，10 月）	全群种猪
伪狂犬病基因缺失疫苗	1 头份	肌注	3 个月 1 次（时间：3 月，6 月，9 月，12 月）	全群种猪
蓝耳病活疫苗	1 头份	肌注	每年免疫 3 次（时间：4 月，8 月，12 月）	依兽医处方而定
喘气病	1 头份	肌注	产前 2 周	
萎缩性鼻炎灭活疫苗	1 头份	肌注	产前 3 周	
副猪嗜血杆菌灭活疫苗	1 头份	肌注	产前 4 周	

经产母猪若有流产及空怀现象的必须在第二次配种前免疫猪瘟组织疫苗 4 头份/头。

表 10－4 乐山牧源种畜科技发展有限公司免疫程序表 ［仔猪（育肥猪）］

病名	免疫量	免疫方法	免疫时间	备注
水肿副伤寒二联疫苗	1 头份	肌注	15 日龄	本地菌株，30 日龄加免 1 次
喘气病	1 头份	肌注	20 日龄	
猪瘟组织苗	1～2 头份	肌注	35 日龄	
伪狂犬病基因缺失疫苗	1 头份	肌注	55 日龄	
口蹄疫	1 头份	后海穴注射	60 日龄	80 日龄加强免疫
猪瘟组织苗	2～4 头份	肌注	65 日龄	

免疫标识与档案：免疫接种后做好记录记载，并佩戴由县畜牧局提供的溯源标识。并做好免疫记录记载，建立档案。

10.1.4 监测技术措施

1. 临床检查：饲养员每月对猪群进行健康状态观察，发现异常情况，特别是表现有口蹄疫等重大动物疫病典型症状，报告兽医，经兽医检查诊断后按场内编制的 JSP-

GAP-B-10《疫情控制程序》处理。

2. 实验室检测：按《西南地区规模化养殖场口蹄疫综合防控技术规范》的要求，按时按量按技术规范采样送四川省动物疫病预防控制中心进行口蹄疫免疫抗体定期监测。

10.1.5 净化技术措施

净化动物疫病是保障场内生猪安全的主要技术措施。为此，该场编制了 JSA-GAP-B-05《主要人畜共患病病原体的监测和净化计划》，采取免疫、监测、隔离、淘汰的办法，建立健康猪群。主要做法是：

1. 明确职责：明确了场部办公室、生产技术部等各部门职责。

2. 确定了净化疫病种类：确定该场应净化的动物疫病及其这些疫病的特征及传播途径。

3. 采取的技术手段：明确了采取消毒、免疫、隔离、淘汰、无害化处理等技术手段，建立健康猪群。

10.1.6 消毒技术措施

全场编制了 JSP-GAP-C-04《清洁消毒程序》，具体措施如下：

1. 消毒时间

表 10－5 乐山牧源种畜科技发展有限公司消毒灭蝇程序

配种怀孕舍	分娩舍	保育舍	育肥舍	环境	灭鼠	舍内粪沟	灭蚊蝇
每周一次	每周二次	每周二次	每周一次	每周一次	两周投药一次	每周一次烧碱冲洗	有蚊蝇月份每周一次普灭，平时常投药

具体消毒时间安排，以生产技术部通知为准，育肥舍的消毒必须遵循取尿样前一天不消毒，推迟至取尿样后消毒。

特定情况（紧急防疫）和扑疫都要按其情况增加消毒次数和浓度

2. 消毒药物：场内常备有氯制剂、季胺监、碘类、酚类等多种消毒药物，交替使用，定期更换消毒池内的消毒药物。

3. 消毒规定、程序：制定了紧急防疫时期消毒程序、生产区消毒通道消毒规定、环境消毒方法、空栏消毒方法、载猪（带畜）消毒方法、特定消毒方法等消毒的规定、程序，规定方法，规范消毒。

4. 落实消毒责任：将生产区、生活区、办公区、环境等消毒责任划分到场内各部门，并分别落实到人头，做到消毒工作落实。

5. 做好记载：每次消毒的时间、消毒区域、消毒方法、药物浓度，消毒人员都做好记录记载，建立消毒档案。

10.1.7 兽医诊断实验室建设与管理

1. 兽医诊断室功能职责

负责本场免疫药品管理及预防免疫的实施。

负责本场生猪疫病的临床诊断和一般的实验室检验。

负责本场诊断、监测的采样并送检。

协助场部对生产过程的监督检查，解决生产过程中，特别是防疫治病过程中的问题。

2. 兽医诊断基本配置

人员：配备专业技术兽医4人，其中大学本科（在读研究生）1人。

设备：常用的诊断检测治疗和疫苗保管器具。

试剂：简单采样、检测试剂。

3. 兽医室管理

兽医诊断室受场部管理。

所有器具、物资分类存放，堆放整齐，保持清洁卫生。

所有操作按规定规范进行。

做好器具、药物使用及诊断、采样工作的记录记载。

10.2 新希望奶牛示范场

10.2.1 养殖场环境特点

1. 地理环境：地处洪雅县将军乡阳坪村，年均气温15.8℃，年极端最高温36.2℃，最低3.3℃，无霜期258天，日照1 080小时，年均降雨量1 493.8毫米。

2. 场址选择及布局：离最近公路主干道1.5千米以上，离最近的屠宰场、市场2千米以上，离最近的城镇（人口聚集区）1.5千米以上，离最近的河流主干道1.5千米以上。

3. 防疫环境：自2006年以来，场内及周边20千米内从未发生口蹄疫等重大动物疫病。

4. 养殖特点及规模：本场于2005年由新希望集团独资兴办，建有标准化牛舍6幢，每幢500平方米，是功能齐全、环境优美、设备先进的集约化、工厂化、现代化奶牛场。

10.2.2 防疫管理措施

整个场区设围墙。生产区、生活区、办公区用围墙或绿化带隔离。场区大门建有消毒池，场区大门及“生物安全通道”设有紫外线消毒（更衣）室。场区道路硬化，雨水与污染水分离。建有专用兽医室、诊断室。制定了《输精操作程序》、《挤奶工作程序》等程序、制度、规程，实行制度化、程序化、规程化、标准化饲养管理。制定了消毒、免疫、监测、疫情报告、无害化处理等制度，严格进行兽医卫生管理。

10.2.3 免疫技术措施

该场只开展口蹄疫免疫，主要在每年5月、11月开展集中免疫，当发生特殊情况时（如患病、大胎位），则在特殊情况消除后补免，同时当周边疫情严重或免疫抗体低于保护水平时则加强免疫一次。小牛初免在5~6月龄。

10.2.4 监测技术措施

1. 临床检查：饲养员每日对牛群进行健康状态观察，发现异常情况，特别是表现有口蹄疫等重大动物疫病典型症状，报告兽医，经兽医检查诊断后按本场规定处理。

2. 实验室检测：实行场内自检和县畜牧兽医局监督检验相结合的监测制度。每年开展结核病和布鲁氏杆菌病监测1~2次，开展免疫学监测3~4次，开展口蹄疫病原学监测3~4次，寄生虫病监测3~5次，其他病监测视情况开展。

10.2.5 净化技术措施

净化动物疫病是保障场内奶牛安全的主要技术措施。为此，该场严格按照有关规定，采取免疫、监测、隔离、淘汰、扑杀的办法，建立健康牛群。

10.2.6 消毒技术措施

严格执行入场、出场、紧急（临时性）及场内定期消毒制度，主要使用消毒药品和紫外线消毒两种消毒方式。对牛粪实施干湿分离或发酵处理。

场内常备有氯制剂、季胺盐、碘类、酚类等多种消毒药物，交替使用。定期更换消毒池内的消毒药物。

消毒规定、程序：制定了紧急防疫时期消毒程序、生产区消毒通道消毒规定、环境消毒方法、空栏消毒方法、带畜消毒方法、特定消毒方法等消毒的规定、程序，规定方法，规范消毒。

第十一章　华东地区规模养殖场口蹄疫防控技术示范基地

11.1　常州市康乐农牧有限公司

11.1.1　场区防疫环境特点

1. 场区地理环境特点

江苏常州瘦肉型猪原种场有限公司、常州市康乐农牧有限公司是江苏中东集团的核心企业之一。坐落于常州西南武进美丽的湖畔，交通便利，公司占地面积 300 亩，绿化面积达 40%，建有现代化猪舍 50 000平方米，生活辅房 8 000平方米，配套建有无公害猪肉科研中心一个，2 万吨饲料加工厂一个和年产 1 万吨的生物有机肥实验中心一个。公司现有员工 150 人，其中各类专业技术人员占 30%。1999 年公司直接从加拿大引进种猪 150 头，现有生产基础母猪 3 500头，公猪 100 头，已成为华东地区起点高、规模大、科技含量高和管理水平较高的种猪场，所生产的长白、大约克、杜洛克种猪在 1999 年和 2001 年通过国家农业部种猪监督检验中心检测，各项指标均已达到国际先进水平，全年可向社会提供优质种猪 3 万头。

气候：常州市康乐农牧有限公司位于常州武进湖农场，中纬度亚热带，具有明显的季风气候特征，气候湿润，光照充足，雨量充沛，四季分明。年平均气温 14.9℃，年平均降水量 1 056.5毫米。

2. 场址选择及布局

公司配套建有无公害猪肉科研中心一个，2 万吨饲料加工厂一个和年产 1 万吨的生物有机肥实验中心一个。公司周围 3 千米无居民区，20 千米无大型养殖场和屠宰场。周围筑有围墙或防疫沟，并建有绿化带，符合动物卫生和环境卫生的要求。主要气候属北亚热带季风气候区，四季分明，雨水充沛，光能资源充足，年平均温度为 15.7℃，历史上最高气温 43℃，最低气温 -16.9℃，最热月平均温度 28.1℃，最冷月平均温度 -2.1℃。四季分明，光照充裕，但夏天常表现为高温高湿的特点。常年主导风向为东—东南风，年平均风速 3.2 米/秒。春秋两季多偏东风，夏季多偏南风，冬季多偏北风。

3. 养殖场防疫环境

周边地区及场内无重大疫病发生。

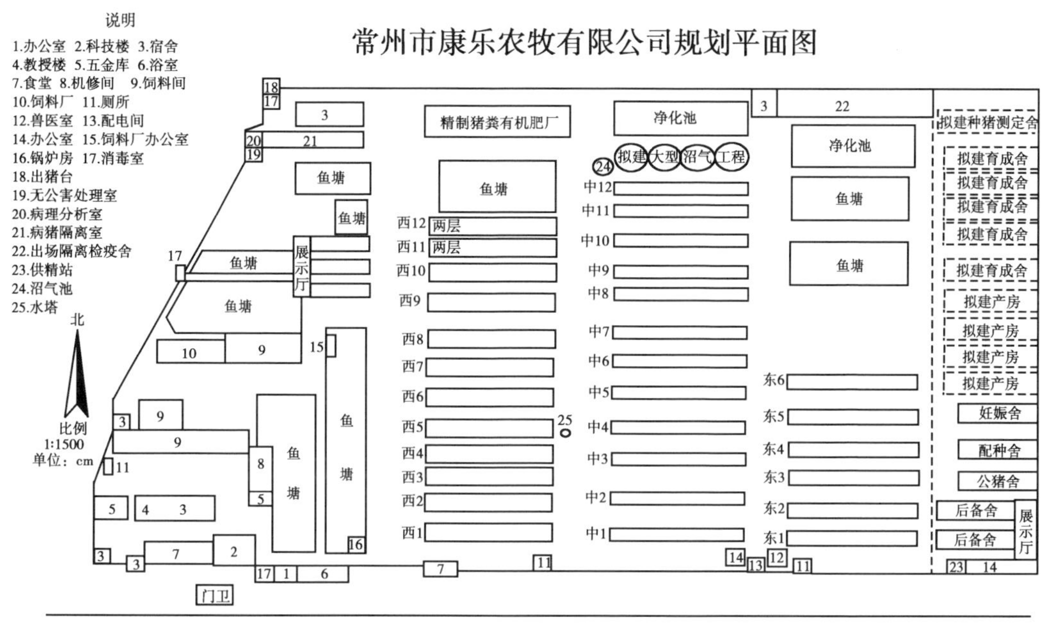

图 11－1　常州市康乐农牧有限公司猪场平面图

11.1.2　防疫管理措施

1. 防疫设施

养殖场拥有消毒通道（隔离室，紫外线消毒室）、消毒池、污水沉淀池、污水净化池等防疫设施。

2. 防疫管理

为了搞好猪场的卫生防疫工作，杜绝疫病的发生，确保养猪生产的顺利进行。常州市康乐农牧有限公司制订有猪场卫生防疫制度，主要内容如下：

（1）认真贯彻“以防为主，养防结合，防重于治”的方针。

（2）严格遵循生产区、生活区、行政区、销售区相互隔离的原则。

（3）根据防疫要求设立消毒室、隔离室、病死猪无害化处理室，各室有专人负责。

（4）各大门进出口处设有消毒池或消毒毯，并配备高压消毒泵。

（5）进入生活区的工作人员，严格执行《人员进出场制度》。

（6）进生产区的工作人员应先淋浴、换衣、换鞋，并遵守场内的一切防疫制度。

（7）猪场全年进行两次环境大消毒（春、冬季），并定期开展灭鼠、灭蚊、灭蝇工作，杜绝各种传播媒介。

（8）严禁猪场职工从市场购回猪、牛、羊肉制品，门卫把好检查关。场内职工不得在场内饲养畜禽和宠物。

（9）严禁从 2 号门、3 号门、4 号门、加工厂大门、出猪台大门、围墙外面直接传入、传出物品或会客，所有进场物品或会客必须到 1 号门登记、消毒。

（10）外来人员、车辆的消毒。

①所有外来人员，必须先到行政中心紫外线消毒、换衣、换鞋，在本场工作人员陪同下，方可到生产场看猪、选猪、买猪。

②外来车辆严禁直接到生产场拉猪、送料，拖有机肥，生产场配有专车送猪、饲料、有机肥到指定交接处，回场车辆必须严格消毒。

③生产场门卫消毒员对外来人员要进行第二次消毒；每次客户看完、选好种猪后，消毒员要对两个展示厅和出猪台的场地进行清扫和消毒。

④本场谢绝参观，对来场检查工作的领导，必须由总经理批准，在专人陪同下，经严格消毒，方可进入生产场。

⑤外来送原料和物品的车辆和人员，必须先到行政中心进行登记。车辆和人员消毒，换衣、换鞋后，才能到生产场卸货。

（11）本场饲养员请假外出严格执行《人员进出场制度》。

（12）猪舍内实行"全进全出"的管理制度，杜绝一、二类传染病的发生。

（13）引进种猪要隔离检疫，须经过检疫，并在场内隔离舍饲养观察 45 天，确认无病健康，经冲洗干净，彻底消毒后方可进入生产线。

（14）出售的种猪、苗猪、肥猪，须经兽医临床检查无病的方可出场。出售猪只只能单向流动，如质量不合格退回时，要作淘汰处理，不得返回生产线。

（15）猪场环境大消毒、猪舍大消毒、门卫消毒、临时消毒严格按操作规程执行。

（16）猪群免疫按"常州市康乐农牧有限公司免疫接种操作规程"执行。

（17）杜绝使用发霉、变质饲料。

（18）对常见病做好药物预防工作。

11.1.3 免疫技术措施

1. 防疫制度

（1）门卫：门卫负责进出人员和车辆的登记和消毒工作。

（2）进场：饲养员及本场人员（包括批准入场的）进入生产区前，必须沐浴、更换工作服、工作鞋，经紫外线消毒 10～15 分钟后在趟过盛 2% 火碱水的消毒池方可进入猪舍，场外车辆、用具不准进入生产区，出售猪时应在场外接运。场内料道与粪道，料车与粪车应严格分开，不得混用。

（3）不窜岗：饲养人员一人负责一栋圈舍、各自使用一套工具，坚守岗位，不得互相串棚。随时观察猪群情况，发现异常及时报告。用具和所有设备都必须固定本栋内，做到专舍专用。搞好舍内外卫生，做好定期消毒。一般每半个月用 2% 火碱消毒地面一次，7～10 天用百毒杀、宝碘带猪喷雾消毒一次。

（4）经常灭鼠、蚊蝇、野鸟等。

（5）病死猪严禁在圈舍及附近剖检，应定点剖检、处理，避免污染圈舍、道路等。

（6）建立疫病日记和疫情报告制度。

2. 免疫程序

表 11－1　常州市康乐农牧有限公司猪场免疫程序

阶段	日龄	疫苗名称	剂量	方法	备注
仔猪	20	猪瘟	2 毫升	肌注	
	35	通灭	0.5 毫升	肌注	
		口蹄疫	1 毫升	肌注	
	50	伪狂犬	1 头份	肌注	
	60	猪瘟	4 头份	肌注	
后备猪	配种前一个月	细小病毒	1 头份	肌注	
		伪狂犬	2 毫升	肌注	
		口蹄疫	3 毫升	肌注	
		猪瘟	5 毫升	肌注	
		驱虫			建议用依维菌素
基础母猪	产后 20 天	猪瘟	5 毫升	肌注	
	断奶时	口蹄疫	4 毫升	肌注	
	产前四周	伪狂犬	2 毫升	肌注	
	四月下旬	乙脑	1 头份	肌注	全群
	产前三周	驱虫			建议用依维菌素

11.1.4　监测与净化技术措施

1. 常规监测

（1）工作人员每天对环境卫生进行检查监督，保障猪群生态环境良好。

（2）兽医人员每天对猪群进行检查，及时发现患病和可疑个体，制定治疗方案，需要淘汰、处死的可疑病猪采用不出血进行扑杀，病死或淘汰猪的尸体按 GB/16548《病害动物和病害动物产品生物安全处理规程》进行无害化处理。

（3）定期对口蹄疫、猪水泡病、猪瘟、猪繁殖与呼吸道综合征、伪狂犬、乙型脑炎、布氏杆菌、结核病、猪囊尾蚴病、旋毛虫病和弓型虫病进行检测，确保猪群健康。

2. 口蹄疫监测

用口蹄疫液相阻断 ELISA 监测抗体水平，用口蹄疫 3ABC-I-ELISA 监测感染抗体。样品采集数量根据本养殖场实际的养殖规模、牲畜用途、畜群大小确定，一般按 3% 的比例采集血清样品。采样时间为注苗前采血样 1 次，注苗后 30 天采血样。O 型液相阻断 ELISA，免疫 30 天抗体效价≥2^6 为免疫合格。存栏猪群免疫抗体合格率≥70% 时，表明家畜群体的免疫水平达到了国家规定要求。未达抗体合格标准的及时进行群体补免。

11.1.5 消毒技术措施

1. 消毒管理措施

（1）建立完善的消毒隔离设施，设立生产区、生活区、行政区并相互隔离，人员动物和物资采取单一流向，进料和粪道严格分开，建立浴室、消毒室、电视监控、兽医室、隔离舍、病猪无害化处理间等防疫设施。

（2）外来或本场运输工具必须经严格消毒方可进行运输作业。

（3）谢绝参观，非生产人员不得进入生产区，特殊情况经净化淋浴消毒后更换防护服方可入场，本场人员每天经消毒更衣后方可进入生产区，外出回场人员遵守特殊情况的防疫要求。

（4）猪舍内生产实行全进全出的管理制度，定期进行空圈消毒和带猪消毒，消毒按 GB/T16569《畜禽产品消毒规范》进行，杜绝一二类传染病的发生。

（5）工作人员定期体检，取得健康合格证后方可上岗，饲养员不得窜棚，场内工作人员不得对外开展相关工作。

2. 消毒制度及操作规程

（1）猪舍大消毒（全进全出的猪舍消毒）。

·舍内的猪必须全部出清，一头不留。

·彻底清扫猪舍内外的粪便、污物、疏通沟渠。

·取出舍内可移动的部件（饲槽、垫板、电热板、保温箱等），洗净、晾干或置阳光下暴晒。

·舍内的地面、走道、墙壁等处用自来水或高压泵冲洗，栏栅、笼具进行洗刷和抹擦。

·闲置一天，自然干燥后才能消毒。

·喷雾消毒（可用背式喷雾器或高压喷雾器），消毒剂的用量为 1 升/平方米。

·供选用的消毒剂及配制成溶液的浓度如下：

Δ 过氧乙酸（0.5%）

Δ 氢氧化钠（2%）

Δ 菌毒敌（复合酚）（1%）

Δ 次氯酸钠（0.5%）

·以上消毒剂可交替或轮换使用，也可选择两种消毒剂先后使用，但不能将几种消毒剂同时或混合使用。

·消毒后需闲置净化 2 天以上才能进猪。

（2）门卫消毒。

门卫消毒指猪场外围的消毒，此项工作往往由门卫来完成，同时与进出大门有关，所以称门卫消毒。具体有以下几方面的内容。

大门消毒：主要供出入猪场的车辆和人员通过，要避免日晒雨淋和污泥浊水入内，池内的消毒液3~5天彻底更换一次，可选用以下消毒剂轮换使用。

Δ氢氧化钠（2%）

Δ菌毒敌（1%）

Δ过氧乙酸（1%）

Δ次氯酸钠（2%）

洗手消毒：猪场进出口除了设有消毒池消毒鞋靴外，还需进行洗手消毒，此项工作很方便，也很重要，可选用下列消毒剂：

Δ舒博（新过氧化氢溶液）（0.5%）

Δ新洁尔灭（季胺盐类消毒剂）（0.5%）

车辆消毒：进出猪场的运输车辆，特别是运猪车辆，车厢内外都需要进行全面的喷洒消毒，可选用下列消毒剂：

Δ氢氧化钠（2%）

Δ过氧乙酸（0.5%）

Δ菌毒敌（1%）

Δ抗毒威（含氯制剂）（5%）

（3）临时消毒：当发生可疑疫情或在特殊的情况下，对局部区域、物品随时采取应急消毒措施。

（4）带猪消毒：当某一猪圈内突然发现个别病猪或死猪时，若疑传染病时在消除传染源后，对可疑被污染的场地、物品和同圈的猪所进行的消毒，可用手提喷雾器作喷雾消毒，要求使用安全、无公害、无二次污染的消毒剂。可选用下列消毒剂：

Δ舒博（0.5%）

Δ新洁尔灭（0.5%）

Δ菌毒敌（1%）

（5）空气消毒：在寒冷季节，门窗紧闭，猪群密集，舍内空气严重污染的情况下进行的消毒，要求消毒剂不仅能杀菌还要能除臭、降尘、净化空气的作用。采用喷雾消毒，消毒剂用量0.5升/立方米。可用下列消毒剂：

Δ舒博（0.1%）

Δ过氧乙酸（0.5%）

Δ新洁尔灭（0.1%）

（6）饮水消毒：饮用水中细菌总数或大肠杆菌数超标或可疑污染病原微生物的情况下，需进行消毒，要求消毒剂对猪体无毒害，对饮欲无影响。可选用下列消毒剂：

Δ舒博（0.1%）

Δ百毒杀（季胺盐类消毒剂）（0.1%）

Δ次氯酸钠（0.2%）

Δ碘伏（0.1~0.2毫升/升水）

（7）器械、注射器、针头等物品的消毒：洗净后，浸泡在消毒剂中（如防器械生锈可加入0.5%亚硝酸钠）30分钟后即可使用，在免疫接种时，若针头不够，可即泡即用。选用下列消毒剂：

Δ舒博（1%）

Δ新洁尔灭（1%）

（8）注意事项。

· 消毒剂使用的方法和浓度，按产品说明书的要求配制。

· 消毒剂溶液的配制不能估算，必须准确称量。

· 要了解常用消毒剂的性能、功效、副作用、对环境有无污染，适当选择使用。

· 各种消毒剂的有效保存期长短不一，使用前要检查是否已过期。

· 消毒剂的使用按本规程进行，防止乱用、滥用，避免浪费和对环境的污染。

表11-2 常州市康乐农牧有限公司猪场常用消毒方法

药名	用途及用法	注意事项
氢氧化钠	配成2%的溶液用于消毒猪舍、运输工具（车、船）及地面	对人的皮肤及舍内木器、铁器等用具有腐蚀作用，消毒后，1小时后用清水冲洗
生石灰	配成10%～20%石灰乳喷洒，涂刷或撒地消毒墙壁、地面、粪池	现用现配、以新鲜石灰为最好，存放时间长的变成碳酸钙失效
来苏尔	配成3%～5%溶液，用以消毒猪舍、墙体、地面、运输车船及容器和食槽等。粪便消毒用5%～10%的浓度。1%～2%浓度用于手的消毒	不可用作饮水的消毒
石炭酸	配成3%～5%溶液，用以消毒猪舍、墙体、地面、运输车船及容器和食槽等	不可用作饮水的消毒
漂白粉	10%～20%溶液消毒猪舍、墙体、地面、运输车船和排泄物等	含氯25%以上，新鲜配置
百毒杀	带猪消毒1：3 000倍稀释，1：8 000～10 000用于饮水消毒	左列为50%百毒杀使用浓度（红瓶），10%百毒杀使用时要加大5倍（绿瓶）
碘酒、酒精	3%～5%碘酒消毒皮肤和伤口，脐带，75%酒精消毒皮肤、针头及体表	

11.2 南京奶业集团淳化牧场

11.2.1 场区防疫环境特点

1. 场区地理环境特点

南京奶业集团淳化牧场座落在南京市东南郊的江宁区淳化街道索墅社区东北侧一

高地，现存栏奶牛850头。年平均气温15.6℃，年平均降雨量1 100毫米，无霜期200多天，气候怡人，四季分明，风景秀丽。

2. 场址选择及布局

淳化牧场南距104国道约500米，东距龙铜公路2 500米以上，西侧及北侧与农户自然村落相距500米以上。该地区无任何化学工业和大型企业，农民以种植水稻、小麦、棉花等农作物为主。

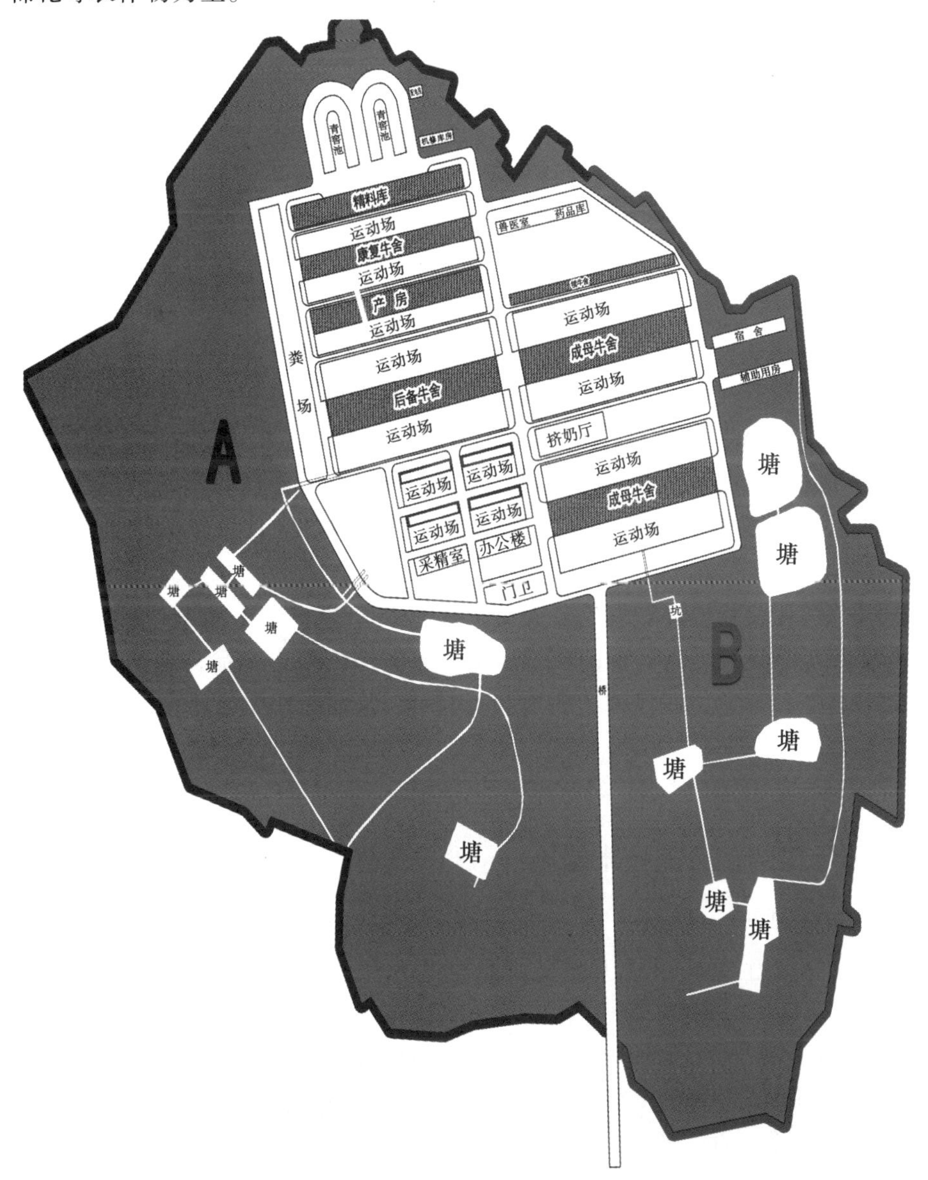

图11-2　南京奶业集团淳化牧场平面布局图

3. 养殖场防疫环境

淳化牧场周边地区及场内无重大疫病发生。

11.2.2 防疫管理措施

1. 防疫设施

淳化牧场拥有消毒通道（隔离室，紫外线消毒室）、消毒池、污水沉淀池、污水净化池等防疫设施。

2. 防疫管理

制定有防疫管理作业指导书，内容包括饲养管理、兽医卫生管理、人员管理、物流管理等。如奶牛场防疫制度（奶牛场应贯彻以防为主，防治结合的方针，以防止疾病的传入或发生，控制传染病和寄生虫病的传播。防疫要求：奶牛场所有出入口应设立消毒池，长×宽×深≥6米×3米×0.3米。池内保持有效的消毒液量及浓度，一般用2%的火碱。门口应配备高压喷雾器，对进场车辆进行消毒；非生产人员一般不允许进入生产区。特殊情况下，非生产人员消毒后方可入场，并遵守场内的一切防疫制度；建立出入登记制度，非生产人员不得进入生产区；奶牛场员工每年应进行一次健康检查，如患传染性疾病应及时在场外治疗，痊愈后方可上岗。新招员工应经健康检查，需确定无结核病与其他传染病；淘汰及出售牛只时，运牛车辆经过严格消毒后方可进入指定区域装牛。奶牛场内不准屠宰和解剖牛只；每年进行1~2次的口蹄疫免疫，免疫时做好详细记录；配合检疫部门安排好每年检疫工作。春秋两次的结核检疫和春季的布病检疫。并做好详细记录；结核检疫出现的阳性牛只，应在3天内扑杀。初次检疫可疑的牛只，应隔离饲养，30天后复检；两次检疫均可疑的按阳性处理；疫病扑灭措施：奶牛场发生疫病或怀疑发生疫病时，应依据《中华人民共和国动物防疫法》及时采取以下措施：迅速隔离病畜；及时向上级有关部门报告疫情；全面彻底消毒；逐头进行临床检查；紧急免疫接种；酌情实行封锁；根据上级主管部门要求妥善处理病畜）。

防疫措施参见附录7《南京奶业集团淳化牧场奶牛卫生保健技术规范》。

11.2.3 口蹄疫免疫技术措施

相关的免疫程序：

（1）犊牛：出生后3~4个月首免，肌注牛羊O、Asia1型口蹄疫双价灭活苗2毫升/头；首免后1个月进行二免（方法、剂量同首免），以后间隔4个月接种一次，肌注牛羊O、Asia1型双价苗4毫升/头。A型口蹄疫灭活苗2毫升/头；一年二次。

（2）生产母牛：分娩前3个月肌注牛羊O、Asia1型双价苗4毫升/头。A型口蹄疫灭活苗2毫升/头；一年二次。

（3）种公牛：每年接种牛羊O、Asia1型双价苗2次，每隔4个月免疫一次，肌注4毫升/头。A型口蹄疫灭活苗2毫升/头；一年二次。

（4）补免措施：针对免疫抗体产生不佳的牲畜，可用牛羊O或Asia1型单价灭活苗肌注（3毫升/头）进行补免。

奶牛场每年春秋两季驱虫一次，每月喂服左旋咪唑（或蓝环清）以增加免疫力。每年春秋两季结核病检疫，春季一次布病检疫。

11.2.4　监测与净化技术措施

奶牛场依照有关规定的要求，结合当地实际情况，制定监测方案，定期或不定期进行疫病监测，接受动物防疫机构的监督抽查。对口蹄疫、结核病、布鲁氏菌病等疫病应当定期进行临床检查，并定期进行实验室检验；牛群要做好全群乳牛的结核病和布氏杆菌病检测。结核检疫：奶牛场配合检疫部门安排好每年春秋两次全群牛的结核检疫。结核检疫出现的阳性牛只，应在 3 天内扑杀。初次检疫可疑的牛只，应隔离饲养，30 天后复检；两次检疫均可疑的按阳性处理。对阳性牛所在牛舍增加消毒频率，暂停牛只调动。该群牛每隔 30 天复检一次，连续二次不出现阳性反应牛为止。布病检疫：牛场应配合检疫部门进行每年春秋两次检疫，凡三月龄以上的牛均需采血检疫。采血针头和部位应严格消毒，一牛一针，严禁一针多牛。其他疫病检疫按上级防疫主管部门安排进行。

11.2.5　消毒技术措施

门房：必须进场的车辆用 2% 的烧碱水或 300 毫克/千克的含氯消毒剂全车身喷雾消毒，车轮从消毒池滚过；进场人员必须进行消毒，经消毒通道紫外线消毒 5 分钟以上。挤奶厅：奶厅保持洁净，奶厅设备消毒按《牛奶质量控制》中消毒规定执行。牧场道路及粪场：每月一次对全场区用 2% 的烧碱喷洒消毒。牛舍：每 10 日用生石灰对牛舍进行喷洒消毒和卫生大扫除。紧急消毒：在特殊情况下（如周边发生疫情）全场范围随时进行清扫消毒（2% 的漂白精），加强消毒密度，必要时每天进行一次。

11.3　南京天环食品（集团）有限公司顶山养殖场

11.3.1　场区防疫环境特点

1. 场区地理环境特点

南京天环集团顶山养殖场是国家生猪活体储备基地，江苏省种猪产销基地，南京市“菜篮子”工程重点生产基地，现有生产基础母猪群 750 头，公猪 26 头，哺乳仔猪 110 头，保育猪和育肥猪 7 000头。1999 年在本场内建设投产的“江苏南京种猪场”，饲有长白猪、大约克夏猪等纯种种猪 300 头，已提供种用仔猪 5 000头，目前已对外单位及本场供应后备种猪 4 000多头。

2. 场址选择及布局

场址距离顶山镇 5 千米，濒临长江，占地面积 1 100亩，其中水面面积 300

亩。周围无居住区、屠宰场及市场。1994 年初兴建，投资 6 000万元，现已建设成为全国同系统内规模最大、管理严格、设施先进的现代化大型养殖基地。建有猪舍总数 76 幢，3.6 万平方米，其中商品猪舍 46 幢，年出栏生猪 5 万头；种猪舍 18 幢，存栏种猪 2 100头，年产苗猪 35 000头，2000 年又新建良种猪舍 12 幢，存栏良种猪 300 头，年产良种苗猪 6 000头。种猪场经省市有关部门考察验收，已批准为江苏南京种猪场，并建有一座年产 12 000吨的饲料加工厂和一座年产 2 000吨的有机化肥厂。

场区远离居民聚居地，周边无任何工业企业，是个空气清新、土肥水美、环境幽静、生态良好的畜禽养殖基地，是南京市菜蓝子工程的重点养殖基地。

3. 养殖场防疫环境

场内有六个相对独立的猪舍区，其中种母猪区三个，肥猪区二个，仔猪培育区一个，现有种猪 870 头。从 2007 年以来，周边地区及场内无重大疫病发生、流行情况。

11.3.2 防疫管理措施

1. 防疫设施

场内拥有消毒池，污水等处理系统，隔离室，紫外线消毒室防疫设施。1999 年建成化验室，负责对生猪疫病进行定期检测。场内建有配电房、供水塔、办公楼、职工餐厅等生产、生活配套设施，形成一个相对独立、较为完整的养殖基地。

2. 防疫管理

根据中华人民共和国农业行业标准、无公害食品、生猪饲养管理准则制定了以下管理制度：顶山养殖场卫生防疫制度；疫病监控和报告制度；顶山养殖场消毒制度；种猪群、商品猪的耳号牌、耳标制度；顶山养殖场兽药使用规定；饲养区饲养管理操作规程（断奶配种舍、分娩舍、公猪舍、后备猪群、保育舍、生长育肥舍）；顶山养殖场饲料和饲料添加剂使用规定；顶山养殖场自备水厂水质管理制度（生猪饮用水管理规定）；顶山养殖场兽医岗位职责；顶山养殖场饲养员岗位职责；顶山养殖场生产业务岗位职责；顶山养殖场饲料厂岗位职责；兽医卫生科岗位职责；顶山养殖场总务后勤科岗位职责；顶山养殖场维修岗位职责；顶山养殖场防疫注苗、消毒卫生、实施计划；顶山养殖场防疫程序；驱寄生虫程序；生猪尸体无害化处理制度；猪粪尿及其他废弃物无害化处理制度；生猪出入猪管理制度。

（1）顶山养殖场饲养员岗位职责。

①热爱本职工作，努力学习生猪饲养的科学管理和生猪疾病的防治知识，主动接受负责区域兽医和有关领导的业务指导。

②按地区、大小、强弱不同分开关养的原则，做好生猪进仓工作，同时做好调教工作，让生猪养成在指定地点排汇粪便的习惯，防止生猪相互打咬，造成不必要的外伤。

③每天定时喂食，饮水要保证清洁，喂食时，要细心观察，了解生猪食欲情况，保证每头生猪的采食，同时也要防止浪费，发现霉烂变质的饲料应立即停止饲喂，及时汇报，力争生猪在仓期多长膘，降低料肉比，杜绝人为性的生猪死亡情况出现。

④公、母、仔猪的喂养应按规定的操作程序进行，应用先进的科学管理水平，提高母猪的产仔率，窝产仔猪数和仔猪的成活率，以及仔猪的断奶重。

⑤坚持做好生猪的食欲，粪便，动态三查工作，发现异常猪只，应做好标记，及时向兽医汇报。

⑥发现病死猪，及时向兽医和有关领导汇报，经同意后，方可将病死猪送入指定场所，同时应做好有关记录。

⑦保持工作环境的清洁卫生，勤打扫猪舍，包干区，勤冲洗运动场，粪便必须每天清除，夏季要打水降温，冬季要保证圈舍的干燥。

⑧切实做好日常的消毒卫生工作，每幢猪舍门前的消毒池每两天更换一次消毒液，并保证消毒液的有效性，每批生猪进出猪舍等场地要彻底清洗，消毒两次后方可使用，同时要做好相应的登记记录。

⑨为确保生猪的防疫工作，必须做好个人卫生，进工作场地必须穿工作衣，工作鞋、过消毒池，出工作场地，要过消毒池，脱工作衣鞋，不准携带非工作用品进入工作场地。

（2）兽医卫生科职责。

规定了顶山养殖场在生猪饲养、消毒卫生、疫病防治等工作职责。

①做到在职在岗，认真做好本职工作。并积极组织相关人员学习生猪饲养的科学管理、消毒卫生工作有关原理及疾病防治等业务知识。

②不断制定与修改本场生猪的疫病“防疫程序”。安排消毒卫生、医疗器械的供需计划。并对计划执行情况进行经常性的督促、检查，并及时汇总施行的效果。发现问题后，提出相应的解决措施。

③做好本场各饲养小区生猪生产情况的汇集工作。对生猪库存、种猪的繁殖、健康状况、疫病死亡等情况要每天收集、统计汇总。对每幢肥猪舍、保育舍及种猪舍的饲料消耗情况，按饲料品种、数量等每周要汇总一次，要求数据如实、正确。

④严格本场生猪进、出的防疫、检疫工作。督促日常的卫生、消毒、清洁卫生、死亡猪处理等项工作开展。

⑤按照本场“防疫制度”、“质量控制”等规程做好生猪生产组织协调工作，解决问题和困难，使生产工作有序进行。

（3）顶山养殖场总务后勤岗位职责。

①在分管场长的领导下，紧紧围绕生产，坚持服务第一，认真做好劳保物品和生产工用具的发放，职工上下班按时接送，生产和生活用水的供应，职工三餐的供应以及安全保卫和环境卫生等工作。

②负责生产工用具和劳保用品使用计划编制上报，对物品的领取，保管和发放，按品种，规格分类分档管理，做到有条不紊，心中有数。

③建立健全验收领用管理制度，各类物品要建卡立账，做到账货相符定期盘点。

④负责按时准点接送职工上下班，保技车内整洁干净，经常对车辆进行维修保养，确保正常行驶，不出事故。

⑤在场内不得擅离岗位，随时保证兽药品，维修零配件，食堂买菜，劳保用品，生产工具，水电交费，回宁办事以及突发事件的用车，不经领导同意不得私自出车或借给他人使用。

⑥负责场内 24 小时不间断地供应生产用水以及定时供应生活用水，定期冲沙，洗池，换纱。

⑦做好日常加油，保管及小修理工作，保证水设备机械的正常运转。

⑧负责职工早，中，晚三餐以及客饭原料的采购，种植，供应和管理采购物品必须保质保量，经济实惠，绝不允许采购霉烂变质过期产品，账目要清楚质备查，账务要定期分开。

⑨坚持安全卫生第一观念，定时，定期搞好食堂辖区内的卫生和消毒，确保职工的身体健康。负责全场范围内厕所的消毒卫生，垃圾的清运，道路的清扫，以及办公楼周围的环境卫生。

⑩做好全场的安全保卫工作，门卫人员 24 小时不得离岗，对进出人员和物品进行登记和管理，对车辆和粪车进出进行检查和消毒，巡查人员必须在场内按时巡视，防火，防盗。

11.3.3 免疫技术措施

南京顶山养殖场防疫注苗实施计划（防疫疫苗注射按本场免疫程序注射）。

1. 育肥猪

3 日龄断尾、剪牙、补铁；20 日龄猪瘟；3 日龄蓝耳病疫苗；70 日龄猪瘟、猪丹毒、猪肺疫三联苗；85 日龄口蹄疫苗；120 日龄猪瘟单联。

2. 种猪群

（1）哺乳母猪：伪狂犬苗、链球菌苗、猪瘟苗、猪肺疫苗、仔猪副伤寒。

（2）种猪群：伪狂犬苗、猪瘟、猪丹毒苗、猪肺疫苗、细小病毒苗、日本“乙脑”苗、链球菌苗、口蹄疫苗、蓝耳病疫苗、传染性胃肠炎—流行性腹泻苗、仔猪黄白痢基因工程苗。

注：以上需二次免疫苗，间隔时间为 15 ~20 天。

如有新增注射疫苗，再另行安排。

表 11－3　顶山养殖场繁殖母猪区防疫程序

猪别	日（周）龄	防疫内容
哺乳仔猪	3 天	补铁、链球菌
	21 天	猪瘟
	断奶	猪肺疫
经产母猪	产后 18 天	伪狂犬病
	产后 21 天	猪瘟
	断奶当天	猪肺疫
后备母猪（公猪）	断奶配种前	细小病毒、猪丹毒、链球菌、蓝耳病
	配种前四周	猪瘟、猪丹毒、猪肺疫、伪狂犬病、细小病毒、链球菌病、蓝耳病
成年公猪	每半年防一次	猪瘟、猪丹毒、猪肺疫、伪狂犬病、细小病毒、链球菌病、蓝耳病
所有种猪群	4 月上旬	日本乙型脑炎
	4 月上旬、10 月上旬	口蹄疫苗
	11 月中旬	传染性胃肠炎、流行性腹泻二联苗

表 11－4　顶山养殖场商品猪场防疫程序

区别	猪别		日（周）天	防疫内容
A 区	仔猪入栏		当天（70 日龄）	猪瘟、猪丹毒二联苗
			入栏 8 周（120 日龄）	猪瘟
	所有在栏猪群		9 月下旬　3 月上旬	口蹄疫苗二次免疫
B 区	购进苗猪	头年 10 月至翌年 5 月上旬购进	进栏当天	猪瘟、猪丹毒二联苗、口蹄疫灭活苗
			进栏 1 周	链球菌病灭活苗、猪肺疫弱毒苗
			进栏 7 周	猪瘟、猪肺疫弱毒苗
		5 月中旬至 9 月底购进	进栏当天	猪瘟、猪丹毒二联苗、链球菌病灭活苗
			进栏 1 周	猪肺疫
			进栏 7 周	猪瘟
	所有在栏猪群		9 月下旬 3 月上旬	口蹄疫苗二次免疫

11.3.4 监测技术措施

按以下要求进行口蹄疫抗体监测。

1. 采样原则

采集的样品要有代表性；样品数量要符合统计学要求；样品的采集、保存、送检运输要按照国家有关法规和行业技术标准进行。

2. 采样数量

样品采集总量应根据养殖场实际的养殖规模、牲畜用途、畜群大小确定3%的比例采集血清样品。

3. 采样时间

注苗前采血样1次，注苗后30天采血样。

4. 采样要求

采集血样时，要求采血针管的推拉动作柔和，以免溶血发生；为了血清易于析出，将采集的血样先置于37℃温箱1～2小时，再置于4℃冰箱1小时，之后分离血清，若有的样品血清析出不好，可采取高速离心的方法分离血清。

指定专人负责样品采集的监督、制表和血清分离和冻存。所有血清样品必须填写详细记录，标签清晰。

5. 检测结果的判定

O型液相阻断ELISA，免疫30天抗体效价≥2^6为免疫合格。

6. 免疫效果的评价

存栏猪群免疫抗体合格率≥70%时，表明家畜群体的免疫水平达到了国家规定要求。未达抗体合格标准的，应及时群体补免。

11.3.5 消毒技术措施

1. 人员消毒

生产区入口处设置消毒更衣室、配置紫外线灯、消毒盆和消毒池。工作人员必须在此换鞋更衣，经紫外线消毒，在盆内消毒液中洗手，然后从盛有5% NaOH溶液的消毒池内趟过进入生产区。严格控制外来人员，如必须进入生产区，通过以上消毒程序后，须遵守场内防疫制度，按指定路线行走。

2. 环境消毒

猪舍周围环境每半月用2%烧碱或撒生石灰消毒一次。场周围的污水池，粪水排出口，每半月用消毒威消毒一次。在大门口、猪舍入口处设消毒池或消毒垫，并定期更换消毒液（5% NaOH）。饲养人员要保持圈舍内外清洁卫生，定期清除杂草、杂物。同时做好防蝇，防鼠工作。

3. 猪舍消毒

每批猪调出后，要彻底清扫，冲洗干净后，然后用2% NaOH等进行喷洒、喷雾消毒二次以上后，方可进猪。

4. 工用具消毒

每半月对补料槽，保温箱，通道，料间，饮水设备，粪车等工用具进行清扫干净后用过氧乙酸或消毒威进行喷雾消毒一次。

5. 带猪消毒

每半月使用0.5%过氧乙酸、消毒威等进行喷雾消毒一次。使用药物要对人和猪安全，没有残留毒性，对设施无破坏作用。

6. 处理病死猪场所的卫生消毒

猪舍发现病猪需进行隔离治疗的，要移到隔离间。对病死猪处理，必须及时送到处理间处理。决不允许在生产区内解剖处理等。处理场必须定期用NaOH、生石灰等进行消毒。

7. 顶山养殖场消毒技术措施

（1）消毒面积及消毒药物。

饲养圈舍：40 000平方米；烧碱、过氧乙酸、菌毒灭、消毒威。

粪场：3 000平方米；烧碱、石灰、消毒威。

处理场地：200平方米；烧碱、石灰、过氧乙酸、消毒威。

车辆、工具、通路等；过氧乙酸、消毒威、菌毒灭。

（2）消毒时间、方法。

生产区通路，地面，污水道每15日用2% NaOH喷洒一次。区内车辆、工用具使用后，清洗干净，每半个月用1∶2 000的消毒威喷雾消毒。

各幢圈内猪只调出后，先冲洗清扫干净，再用2%烧碱消毒地面、墙、料槽、通道、饮水器二次以上，方可按排进猪计划。

圈舍带猪消毒：按每15天用0.5%过氧乙酸或消毒威进行喷雾消毒一次。同时对该幢内、糟、饮水器、通道、工用具也同进进行消毒。

污道、粪场、病死猪处理场，要随时清扫干净，并每日进行消毒。

（3）具体要求。

先清扫，后冲洗，干燥后再行消毒。

污物、废弃物集中处理销毁后再消毒。

消毒液现用现配，在2小时内用完。

各场舍由专人负责，并做好记录备查。

11.4　六合原种猪场

11.4.1　场区防疫环境特点

1. 场区地理环境特点

六合原种猪场位于南京市六合区的西北竹镇的西南角，是一个拥有生产基础母猪群200余头，年出栏5 000余头的猪场。该地区属北亚热带季风气候区，四季分明，雨水充沛。常年的主导风向是东风，其次为东北风和东南风；年均气温15.6℃，最高气温36℃，最低气温-8.2℃，无霜期254天；年日均温大于3℃的有280天；年降水量在700～1 900毫米，主要分布在6～9月，约占全年60%以上，7月份雨量最多达180毫米左右，冬季雨水偏少，占全年降雨量的6%；年日照量在1 700～1 900小时。自然气候有利于各种经济作物的栽培种植、设施农业的发展。

图11-3 六合原种猪场平面布局图

2. 场址选择及布局

场址位于基本农田保护区内，地势平坦、肥沃；背靠苏皖边界的金磁山，动物防疫隔离条件好。距离屠宰场、市场7 000米路程。长年主导风向为东风，其次为东北风和东南风，年平均气温15℃左右，年降雨量900毫米左右。三点式布局，单元式全进全出，干清粪，沼气发电，沼渣通过管网进入农田。

3. 养殖场防疫环境

农田保护区内无任何工矿企业，没有建设过有污染源的工程，而且群山环抱可以隔离外界污染源；农田保护区内没有规模化养殖场建设的历史，更没有动物养殖疫病传播的历史，水土资源均未受过污染，为畜禽养殖的防疫和生产优质生态畜禽产品提供了极为有利的条件。

11.4.2　防疫管理措施

1. 防疫设施

场区拥有消毒池，污水处理系统，隔离室，紫外线消毒室防疫设施。

2. 防疫管理

全场满负核生产人员配置如下：生产场长：1名。兽医助理：1名。统计员：1名。繁殖区主管：1名。保育区主管：1名。生长育肥区主管：1名。后配舍饲养员：1名。采精员、公猪饲养员：1名。实验室操作员：1名。配种妊娠舍组长：1名。待配舍饲养员：1名。妊娠舍饲养员：3名。分娩舍组长：1名。接产员：1名。分娩舍饲养员：4名。保育舍饲养员：4名。育成舍饲养员：4名。育肥舍饲养员：6名。机动人员：2名。全场共计36人。

全场认真贯彻“预防为主，防重于治”的原则。坚持“全进全出”制度。严格按照免疫程序接种好各种疫苗，增强猪只抗病力，减少疾病的发生。

11.4.3　免疫技术措施

为了贯彻“预防为主，防治结合，防重于治”的原则，减少、杜绝疫病的发生，确保养猪生产的顺利进行，向客户、养户提供优质健康的种猪或合格的商品猪。猪场制定有猪场卫生防疫管理规范，具体内容如下：

1. 工作人员职责

（1）猪场场长全面负责卫生防疫工作。

（2）猪场各级负责人组织实施卫生防疫工作。

（3）猪场全体员工参与卫生防疫工作，严格执行卫生防疫制度。

2. 工作程序

（1）防疫区域划分。

猪场分生产区和非生产区，生产区包括养猪生产线、出猪台、解剖室、流水线走廊、污水处理区等。非生产区包括办公室、食堂、宿舍等。非生产区工作人员及车辆严禁进入生产区，确有需要者必须经场长或主管兽医批准并经严格消毒后，在场内人员陪同下方可进入，只可在指定范围内活动。

（2）生活区防疫制度。

①生活区大门设消毒门岗，全场员工及外来人员入场时，均应通过消毒门岗，消毒池每周更换两次消毒液。

②每月初对生活区及其环境进行一次大清洁、消毒、灭鼠、灭蝇。

③任何人不得从场外购买猪、牛、羊肉及其加工制品入场，场内职工及其家属不得在场内饲养禽畜（如猫、狗）或其他宠物。

④饲养员要在场内宿舍居住，不得随便外出；场内技术人员不得到场外出诊；不得去屠宰场或屠宰户、其他猪场、养猪户（家）逗留。

⑤员工休假回场或新招员工要在生活区隔离两天后方可进入生产区工作。

⑥搞好场内环境绿化工作。

（3）车辆卫生防疫制度。

①运输饲料进入生产区的车辆要彻底消毒。

②运猪车辆出入生产区、隔离舍、出猪台要彻底消毒。

③上述车辆司机不许离开驾驶室与场内人员接触，随车装卸工要同生产区人员一样更衣换鞋消毒；生产线工作人员严禁进入驾驶室。

（4）购销猪防疫制度。

①从外地购入种猪，必须经过检疫，并在猪场隔离舍饲养观察40天，确认为无传染病的健康猪，经过清洗并彻底消毒后方可进入生产线。

②出售猪只时，须经猪场技术人员临床检查，无病方可出场。出售猪只只能单向流动，如质量不合格退回时，要作淘汰处理，不得返回生产线。

③生产线工作人员出入隔离舍、售猪室、出猪台时要严格更衣、换鞋、消毒，不得与外人接触。

（5）疫苗运输和保存。

疫苗运输：疫苗运输要用专用疫苗箱如泡沫箱，里面放置冰块。尽量减少疫苗在运输途中的时间。

疫苗保存：疫苗必须按要求进行保存，一般冻干疫苗需冰冻保存，液体油苗需4～8℃保存。

（6）疫苗注射及注意事项。

·严格按公司制定的免疫程序执行，免疫日龄最多相差±2天，做好免疫计划，计算好疫苗用量。

·注射用具必须清洗干净，经煮沸消毒时间不少于10分钟，待针管冷却后方可使用。注射用具各部位必须吻合良好。

·疫苗使用前要检查疫苗的质量，如颜色、包装、生产日期、批号。

·稀释疫苗必须用规定的稀释液，按规定稀释。一般细菌苗用铝胶水或铝胶生理盐水稀释，病毒苗用专用稀释液或生理盐水稀释。

·冻干疫苗稀释时要检查是否真空，不是真空的疫苗不能使用。油苗不能冻结，要检查是否有大量沉淀、分层等，如有以上现象则不能使用。

·注射疫苗时，小猪一栏换一个针头，种猪一针筒疫苗换一个针头。每次吸取疫苗都必须换针头或在稀释后的疫苗瓶上固定一枚针头。

·注射器内的疫苗不能注入疫苗瓶，避免整瓶疫苗污染。

·严禁使用粗短针头和打飞针。如打了飞针或注射部位流血，一定要补一针疫苗。

·疫苗稀释后必须在2小时内用完。

·两种疫苗不能混合使用。同时注射两种疫苗时，要分开在颈部两侧注射。

·有病的猪只不能注射疫苗，病愈后补注。

·注射疫苗出现过敏反应的猪只，可用肾上腺素等抗过敏药物抢救。

·注射细菌苗前后一周禁止使用各种抗生素。

·用过的疫苗瓶及未用完的疫苗应作无害化处理，如有效消毒水浸泡、高温蒸煮、焚烧、深埋等。

·由专人负责注射疫苗，严禁漏打。

·做好免疫记录，以备以后查看。记录需保存一年以上。

（7）生产线防疫制度。

①员工必须经更衣室更衣、换鞋，脚踏消毒池、手浸消毒盆后方可进入生产线。消毒池每周更换两次消毒液，更衣室紫外线灯保持全天候开着状态。

②生产线内工作人员，不准留长指甲，男性员工不准留长发，女性员工也尽量不要留长发以方便冲洗，不得带私人物品入内。

③生产线每栋猪舍门口，产房各单元门口设消毒池、盆，并定期更换消毒液，保持有效浓度。

④做好猪舍、猪体的常规消毒。

⑤对常见病做好药物预防工作。

⑥一个季度至少进行一次药物灭鼠，平时动员员工人工灭鼠。定期灭蝇灭蚊。

⑦提高员工的卫生防疫意识。

表 11－5　六合原种猪场免疫程序

	时间	疫苗	用量	用法	备注
母猪	断奶当天	猪瘟（单联）	1 头份	肌注	同时免疫
		口蹄疫	3 毫升	肌注	
	产前 1 月	伪狂犬	1 头份	肌注	
	产前 3 周	大肠杆菌	1 头份	肌注	初产
	产前 2 周	萎缩性鼻炎	2 毫升	肌注	
后备猪（公、母）	配前 6 周	蓝耳病	2 毫升	肌注	
	配前 5 周	猪细小病毒	2 毫升	肌注	
	配前 4 周	伪狂犬	1 头份	肌注	
	配前 3 周	口蹄疫	3 毫升	肌注	
	配前 2 周	猪瘟（单联）	1 头份	肌注	

（续表）

	时间	疫苗	用量	用法	备注
种用公猪		猪瘟（单联）	1 头份	肌注	每年 2 次
		猪细小病毒	2 毫升	肌注	每年 1 次
		口蹄疫	3 毫升	肌注	每年 2 次
		伪狂犬	1 头份	肌注	每年 2 次
		乙脑	1 头份	肌注	每年 1 次
仔猪	7 ~ 8 日龄	气喘病	2 毫升	肌注	
	35 日龄	猪瘟（单联）	1 头份	肌注	
	21 ~ 23 日龄	气喘病	2 毫升	肌注	
	25 ~ 28 日龄	链球菌	2 毫升	肌注	
	23 ~ 28 日龄	蓝耳病	1 毫升	肌注	
	75 ~ 80 日龄	猪瘟（单联）	1 头份	肌注	
	75 ~ 85 日龄	口蹄疫	2 毫升	肌注	
春季防疫	3 ~ 6 月	乙脑	1 头份	肌注	生产种猪群
秋季防疫	10 ~ 11 月份	传染性胃肠炎 + 流行性腹泻	4 毫升	肌注	生产种猪群
	12 ~ 1 月份	口蹄疫	3 毫升	肌注	保育以后猪群

11.4.4 监测与净化技术措施

为确保猪场正常生产，有效降低猪群的发病率、死亡率，减少疾病造成的损失，不断提高生产线员工的兽医临床技术操作水平。制定了工作程序：

（1）引入种猪必须经过检疫，并隔离饲养观察至少 40 天。

（2）加强饲养管理，提高猪的抗病能力。饲养员要熟练掌握口服、肌注、静注、腹腔补液、去势手术、难产等简单的兽医操作技术。大猪治疗时采取相应保定措施。

（3）生产线管理人员及员工每天上班后首先巡视猪群健康情况，及时发现病猪，及时采取治疗措施，并仔细观察发病猪只的转归情况，病情严重的，填写《疾病记录》并及时上报。

（4）注意了解、调查本地区疫情，掌握流行病的发生发展等有关信息，及时提出合理化建议并提出相应综合防治措施。一旦发生疫情或受到周围疫情威胁，猪场要及时采取紧急封锁等自卫措施，全体职工要绝对服从猪场发布的封锁令。

（5）定期检疫，定期进行抗体检测工作。

（6）及时隔离病猪、处理死猪，污染过的栏舍、场地彻底消毒。各舍要设 1 ~ 2 个病猪专用栏。

（7）对病猪必须做必要的临床检查，如体温、食欲、精神、粪便、呼吸、心率等全身症状的检查，然后做出正确的诊断。诊断后及时对症用药，有并发症、继发症的要采取综合措施。做好病猪病志、剖检记录、死亡记录，经常总结临床经验、教训。久治不愈或无治疗价值的病猪及时淘汰。

（8）猪场常见病的诊断与治疗，详见附录8《规模养殖场猪常见病的诊断与治疗》。

（9）严格按说明书或按兽医嘱托用药，给药途径、剂量、用法要准确无误。用药后，观察猪群反应，出现异常不良反应时要及时采取补救措施。有毒副作用药品要慎用，注意配伍禁忌。

（10）预防中毒、应激等急性病，发现时及时治疗。

（11）及时治疗僵猪，配方采用：肌苷＋维生素 B_1 ＋维生素 B_{12}，肌注，隔3天使用一次，连用2～3次；富来血3～4毫升，肌注一次。治疗前驱虫、健胃。

（12）病死猪用专车运到腐尸池处理；解剖病猪在腐尸池解剖台进行，操作人员要消毒后才能进入生产线；每次剖检完毕后写出《猪病诊断报告》存档（临床检查、剖检不能确诊要采取病料化验）。

（13）残次、淘汰、病猪要经兽医鉴定后才能决定是否出售。

（14）正确保管和使用疫苗、兽药，有质量问题或过期失效的一律禁止使用，注意疫苗、药品的保管要求、条件，避免损失浪费。接近失效的药品要先用或及时调剂使用，各舍取药量不得超过1周用量。

（15）免疫和治疗器械用后消毒，不同猪舍不得使用同一注射器。

（16）对猪场有关疫情、防治新措施等技术性资料、信息，严格保密，不准外泄。

11.4.5　消毒技术措施

1. 职责

（1）猪场场长全面负责消毒工作；

（2）各级负责人组织实施消毒工作；

（3）猪场全体员工参与消毒工作，严格执行消毒制度。

2. 工作程序

（1）生活区：办公室、食堂、宿舍及其周围环境每月大消毒一次。

（2）售猪周转区：周转猪舍、出猪台、磅称及周围环境每售一批猪后大消毒一次。

（3）生产区正门消毒池：每周至少更换池水、池药2次，保持有效浓度。

（4）车辆：进入生产区的车辆必须彻底消毒，随车人员消毒方法同生产人员一样。

（5）更衣室、工作服：更衣室每周末消毒一次，工作服清洗时消毒。

（6）生产区环境：生产区道路两侧5米内范围、猪舍间空地每月至少消毒2次。

（7）消毒池与盆：每周更换池、盆水、药至少2次，保持有效浓度。

（8）猪舍、猪群：配种怀孕舍每周至少消毒一次；分娩保育舍每周至少消毒2次，

保育舍每周至少消毒2次，冬季消毒要控制好温度与湿度，防止腹泻。

（9）人员消毒：进入猪舍人员必须脚踏消毒池，手洗消毒盆消毒。

11.5 汤泉奶牛场

11.5.1 场区防疫环境特点

1. 场区地理环境特点

汤泉奶牛场位于南京市浦口区汤泉镇汤泉农场，现存栏奶牛2 000头。历年平均气温为14.4℃，年均最高气温为20.4℃，平均最低气温为11.6℃，极端最高温为43℃（1934.7.13），极端最低气温为－14℃（1955.1.6）；历年平均相对湿度为76%，最大月均相对湿度为81%，最小月平均相对湿度为73%，年内湿度6、7月大，4、5、8、9月小；全年日照时数1 737.6小时。

2. 场址选择及布局

地势高燥、土质良好、水源充足、交通便捷，地形开阔整齐，理想正方形、长方形，避免狭长和多边角，奶牛场场区规划本着因地制宜和科学饲养的要求，合理布局，统筹安排，满足饲养工艺要求。场地建筑物的配置紧凑整齐，提高土地利用率，供水管道节约，有利于整个生产过程和便于防火灭病，并注意防火安全。远离主要交通要道、村镇工厂1 000米以外，远离铁路、机场、大公路、城镇、居民区和公共场所500米以上。远离屠宰场、畜产品加工厂，垃圾及污水处理场所，风景旅游区2 000米以外，周围筑有围墙或防疫沟，并建立绿化带，符合动物卫生和环境卫生的要求。

3. 养殖场防疫环境

本场做到生产区与生活区、行政管理区严格分开；生产区在生活区、行政管理区100米以外的下风处，饲料仓库设在生产区的上风处，周边地区及场内无重大疫病发生。

11.5.2 防疫管理措施

1. 防疫设施

奶牛场所有出入口设立符合标准的消毒池，场区设有污水净化处理系统，生产区与生活区间设立隔离带，严格分开，进场区设立紫外线消毒室，在生产区的通道口设立更衣室，场区设立化验室、兽医室，场内道路布局合理，进料（净道）和出粪（污道）道严格分开，防止交叉感染。拥有消毒泵、喷雾器等必备消毒设备、工具。按饲养工艺建筑畜舍，妊娠畜舍、分娩舍（产房）、培育舍、育成舍，各畜舍之间的距离为20米左右。

2. 防疫管理

建立了饲养管理、兽医卫生管理、人员管理、物流管理等制度，如门卫防疫制度（所有出入口消毒池内保持足量有效的消毒液；所有获准进场人员必须执行门卫防疫程序。员工：脚踩消毒液湿麻袋，洗手消毒；其他人员：除上述要求外，还须穿戴工作衣、鞋、帽；非工作车辆严禁驶入场区；工作车辆进入场区，在门口用高压水泵全车身喷消毒液，尤其是车胎、轮轱和底盘，并停留10分钟后方可驶入；牛粪运输车从粪场出口进出；奶牛场严禁擅自接待参观人员，经主管部门同意的参观人员，须严格执行防疫制度，并在奶牛场指定区域参观访问；禁止所有人员穿戴奶牛场的工作衣、帽、鞋出场）。饲养兽医卫生管理（全场的防疫、消毒、检疫、驱虫工作计划，并参与组织实施；畜牧技术人员加强畜群的饲养管理、生产性能及生理健康的监测；开展主要传染病的免疫监测工作；定期检查饮水卫生及饲料加工、贮运是否符合卫生防疫要求；定期检查畜舍、用具、隔离舍、粪尿处理和养殖场环境卫生及消毒情况；负责防疫、病畜诊治、淘汰、死畜剖检及其无害处理；喂全价配合饲料，禁止饲喂不清洁、发霉或变质的饲料，不得喂未经无害处理的泔水以及其他畜禽副产品饲料中禁止添加违禁药品及饲料添加剂；饲养人员认真执行饲养管理制度，细致观察饲料有无变质、家畜采食和健康状态、排粪有无异常等，发现不正常现象，及时请兽医检查；根据本地区疫病发生的种类，确定免疫接种的内容和适宜的免疫程序。制订综合防治方案和常用驱虫药物）。

11.5.3　免疫技术措施

相关的免疫程序：

（1）犊牛：出生后3~4个月首免，肌注牛羊O、Asia1型口蹄疫双价灭活苗2毫升/头；首免后1个月进行二免（方法、剂量同首免），以后间隔4个月接种一次，肌注牛羊O、Asia1型双价苗4毫升/头。A型口蹄疫灭活苗2毫升/头；一年两次。

（2）生产母牛：分娩前3个月肌注牛羊O、Asia1型双价苗4毫升/头。A型口蹄疫灭活苗2毫升/头；一年两次。

（3）种公牛：每年接种牛羊O、Asia1型双价苗2次，每隔4个月免疫一次，肌注4毫升/头。A型口蹄疫灭活苗2毫升/头；一年两次。

（4）补免措施：针对免疫抗体产生不佳的牲畜，可用牛羊O或Asia1型单价灭活苗肌注（3毫升/头）进行补免。

奶牛场每年春秋两季驱虫一次，每月喂服左旋咪唑（或蓝环清）以增加免疫力。每年春秋两季结核病检疫，春季一次布病检疫。

11.5.4　监测与净化技术措施

奶牛场依照有关规定的要求，结合当地实际情况，制定监测方案，定期或不定期进行疫病监测，接受动物防疫机构的监督抽查；对口蹄疫、结核病、布鲁氏菌病等疫病应当定期进行临床检查，并定期进行实验室检验。牛群要做好全群乳牛的结核病和布氏杆菌病检测。阳性牛应按国家有关规定进行无害化处理；出现可疑反应的牛应予隔离复检，连续两次可疑者按阳性反应处理，可疑反应的牛在隔离期间所产乳不得销售。母牛在干乳前15天作隐性乳腺炎检验，在干乳时用有效的抗菌制剂封闭治疗。

11.5.5 消毒技术措施

所有出入口消毒池内保持足量有效的消毒液。所有获准进场人员必须执行门卫防疫程序，洗手消毒，在紫外线下消毒5分钟，换衣服，工作鞋工作帽。员工：脚踩消毒液湿麻袋；全场执行日常生产常规消毒，用漂白粉撒于牛舍；每周三次用过氧乙酸和烧碱搭配使用喷雾消毒进行全场大消毒；大牛房隔一天消毒一次，用漂白粉撒于牛舍。

第十二章　西北地区规模养殖场口蹄疫综合防控技术示范基地

12.1　新疆生产建设兵团农一师一团奶牛场

12.1.1　场区防疫环境特点

1. 场区地理环境特点

农一师一团奶牛场建址金银川镇，占地面积 5.2 万平方米，始建、扩建奶牛规模化、集约化牛舍 10 栋，配套青贮池 4 500立方米，饲草堆放地 8 500平方米，原料贮存大棚一栋（约 5 000平方米）；现存栏奶牛 530 头，牛场采取集中管理、分圈分群饲养、集中榨乳、封闭式奶罐冷藏、贮存及运输的规范化管理运营模式。牛场建设用地较为平坦、干燥，基本完成了场区环境绿化、美化以及部分道路硬化工作。

2. 场址选择与布局

奶牛场位于金银川镇，毗邻 314 国道 1 071道标南 4.5 千米，距离南疆主要城市阿克苏 70 千米，距离喀什 395 千米，交通便利，有利于饲草料原料的运送、入库以及鲜奶等产品的运输。牛场场址距离镇主干道路 700 米，距离居民生活区及集贸市场 1 200米，基本上符合场址选择和建设要求。牛场所在地区气候干燥，春季多风，夏季偏热，秋季舒适，冬季较冷（春季偶有年份最大风力可达 10 级；夏季最高温度可达 38℃；冬季有记录最低温度为 -26℃）。由于新疆光照充足、昼夜温差大，有利于作物糖分的蓄积，饲草料种类较为丰富，基本上可以满足奶牛生产所需。奶牛场场区划分为管理区、生产区及职工生活区，管理区与生产区有间隔，管理区及生产区与职工生活区距离 200 米。

3. 奶牛场防疫卫生环境

牛场周边地区及场内近年来未发生重大动物疫病传染疫情。

12.1.2　防疫卫生管理措施

1. 防疫设施

牛场距离大门 400 米处设置有石灰消毒带，过往车辆可经由此进行初步消毒，大门口设有车辆出入消毒池，大门旁另设置有消毒室，地面放置有撒布消毒液的消毒垫，墙面安装有紫外线灯，以便于入场工作及来访人员消毒。日产管理中，严格来往车辆、人员的消毒卫生管理工作，所有出入车辆、人员必须经过严格消毒后方可进入场区。奶牛场的疫病监测及免疫效果监测工作由师，市畜牧兽医工作站兽医科完成。

2. 防疫管理

（1）防疫卫生规章制度。

①奶牛场实行生产区与生活区分开，进驻生产区门口设置消毒池和消毒室（内置紫外线灯），消毒池内放置2% ~3%氢氧化钠溶液，并定期更换。

②严格控制非生产人员，尤其是控制外来人员进入生产区，确需进入时则必须经过严格消毒后方可进入。

③生产区不得解剖病死奶牛，坚持定期消毒、灭蚊蝇工作。

④坚持每年两次（春、秋季各一次）的牛结核病、布鲁氏菌病的检验检疫制度。对于检测呈阳性或可疑反应的牛只及时按照国家防疫管理规范和师市、本场防疫卫生管理规章制度进行屠杀、隔离等防疫措施进行处理。检验检疫工作结束后，及时对牛舍、牛体、场区及用具进行一次全面消毒。

⑤在2005年引进的298头澳牛的基础上，坚持自繁自养、选留淘汰的办法，扩大和提高奶牛核心群的数量、质量。

⑥牛场管理人员、饲养人员在团畜牧兽医工作站的协调、组织下，及时进行体检，如发现有患人、畜共患传染病的人员，及时调离岗位，杜绝疾病传播。

⑦所有出入生产区的人员必须经由门卫引导，依照消毒及防疫卫生管理的要求进行消毒后，方可出入牛场生产区。

⑧做好奶牛圈舍的环境卫生工作，保持圈舍及过道干净、干燥，确保奶牛拥有足够的光照时间和运动场地，定期（每星期一次）对牛场圈舍、过道和场区进行常规消毒。

（2）奶牛场重大动物疫情应急预案及紧急防疫措施。

①农一师一团成立了重大动物疫情领导小组，团正职领导及主抓畜牧生产的副职领导为领导小组组长、副组长，各生产单位行政领导为小组主要成员。一团奶牛场在此基础上，制定一团奶牛场重大动物疫情应急预案，以便于有动物疫情时，可以及时、准时做出确切诊断，并依照动物疫情上报程序逐级报告。

②依照重大动物疫情应急预案，如有病牛个体，及时、迅速隔离，对于危害较为严重的传染病及时划区封锁，建立封锁带，并强化出入场区的车辆和人员的消毒措施，对受污染或可能受污染的区域和周边环境严格消毒。如要解除封锁，须在最后一头病牛痊愈或屠杀后两个潜伏期内再无新病例出现，经全面、细致的消毒并报上级主管部门批准后，方可解除。

③病死牛的尸体严格依照防疫卫生管理规章制度及相应条例进行无害化处理。

12.1.3 动物疫病免疫技术措施

依据兵团及师市畜牧兽医工作站对于奶牛疫病防控安排和要求，结合我团奶牛场以及牛场周边县区传染病流行病史情况，参照奶牛疫病综合防控技术指导规范和意见，农一师一团奶牛场坚持一年三次的口蹄疫疫苗即口蹄疫 O、Asia1 型双价灭活苗（OS

株 + JSL 株）免疫注射工作，同时，结合有部分地区偶发 A 型口蹄疫的情况，于 2009 年 12 月份起，补加两次 A 型口蹄疫疫苗免疫注射。对于疫苗免疫注射的日期，依照奶牛场的生产计划予以协调，于每年的 3、7、11 月份中下旬进行。注射剂量和方法为：成年牛—颈部上 1/3 处或臀部肌肉注射，剂量 3 毫升/头；犊牛于 3 月龄时进行初免，疫苗用量为成年牛的一半，即 1.5 毫升/头，初免后，间隔一个月再进行一次强化免疫，以后则依照奶牛场日常免疫程序进行；对于免疫效果监测不佳的个体或群体，及时使用相应疫苗进行补免。此外，对于过瘦、疾病、怀孕前期（2.5 个月内）或后期（6.5 个月以上）、3 月龄内犊牛暂不注射，在时间合适时再予以补免。

12.1.4　免疫效果监测与牛群净化工作措施

奶牛口蹄疫疫苗免疫注射后 20 天，由师市畜牧兽医工作站派驻工作人员，监督、指导采集被免疫个体血清，并交由师市畜牧兽医工作站兽医科进行抗体效价水平检测，监测效果及时反馈给奶牛场。

对于奶牛场一年两次的牛结核病和布鲁氏菌病的“两病”检验检疫、监测工作，检出的阳性个体全部予以扑杀；对于结核阳性病牛个体隔离，以净化培育健康的犊牛，从而达到净化牛群效果。

12.1.5　奶牛场日常消毒卫生管理措施

1. 消毒剂的选择

多选用对人、畜和环境较为安全，不会影响设备使用性能，在牛体以及产品中不会蓄积的广谱、高效、低毒的产品。日常使用的有：有机碘混合物（格林碘）、生石灰、氢氧化钠、新洁尔灭、百毒杀、特立灭、来苏尔、消毒优、酒精、碘酊等。

2. 消毒方法

（1）紫外线消毒：对于进出奶牛场的人员，与消毒室进行紫外线灯照射消毒。

（2）消毒液浸泡、浸洗或浸沾消毒：人员尤其是工作人员 0.1% ~0.5% 新洁尔灭或 0.1% ~0.5% 来苏尔溶液洗手消毒；来访人员步行经过放置有消毒液的消毒室地面消毒。

（3）喷雾消毒：牛舍、过道及场区使用百毒杀、特立灭、消毒优等消毒剂，依照相应比例进行喷雾消毒。

（4）来往车辆消毒：来往车辆尤其是运奶车，经由石灰消毒带、牛场大门口盛有 2% ~3% 氢氧化钠的消毒池对车轮进行消毒，同时，在必要的时候用喷雾器对于车体进行喷雾消毒。

（5）待产圈舍及犊牛圈舍的补充消毒：对于奶牛待产、分娩圈舍以及犊牛饲养圈舍、栏进行补充消毒，撒布生石灰及日常消毒液稍高浓度喷雾消毒等。

3. 消毒卫生工作内容与安排

（1）牛场圈舍、过道及场区环境卫生消毒，安排为每星期一次集中进行。

（2）工作人员消毒工作多在上下班时经过消毒室、紫外线消毒灯照射完成；来访人员则集中在进场前进行。

（3）带牛环境消毒：日常工作过程中，坚持每月两次的带牛环境消毒制度，尤其是在每年的3~5月份，采用低毒药物进行牛体喷洒，以杀灭体外寄生虫；坚持春夏季以及秋季奶牛蹄部药浴工作，以减少传染病尤其是蹄病的发生。

（4）牛体日常工作中的消毒：在配种、接产、助产、挤奶以及疾病治疗过程中，要求相关工作人员先将牛体有关部位如阴道口、后躯、乳房、注射部位等进行消毒，以降低感染的机会，确保奶牛健康，从而保证相关产品的健康。

12.2 新疆生产建设兵团农一师八团奶牛养殖场

12.2.1 场区防疫环境特点

1. 场区地理环境特点

农一师八团奶牛养殖场位于农一师八团团部3千米处，占地100亩，现存栏奶牛400头，有标准化牛舍3栋，挤奶厅1栋，建筑面积共2万平方米。牛场采取集中管理、分散饲养、集中挤奶、封闭式奶罐贮藏的标准化牛场模式。牛场常年平均温度10.5℃，日照2 900余小时。牛场建设用地较平坦，干燥，厂区环境达到了硬化、美化、绿化要求，奶牛养殖本着防疫程序化、饲养科学化、繁育现代化、管理标准化的标准进行。

2. 场址选择及布局

牛场建立在交通方便、水质良好、无有害体、烟雾、其他污染的地区，并且远离学校、公共场所、居民住宅区。养殖场区划分为生产区、管理区和生活区，各个功能区之间的间距大于50米。场区内的道路坚硬、平坦、无积水。牛舍、运动场、道路以外有绿化带。场区牛舍和挤奶厅主体采用彩板结构，坚固耐用，宽敞明亮，排水通畅，通风良好，能有效地排出潮湿和污浊的空气。

3. 养殖场防疫环境

牛场周边地区及场内近年来没有发生重大传染病疫情。

12.2.2 防疫管理措施

1. 防疫设施

奶牛场大门设有车辆出入消毒池，入场人员须经消毒池和紫外线照射消毒，保证所有进入的车辆和人员都经过严格的消毒后才能入内。奶牛场建设有配套的污水池、粪收集池、下水道等粪尿污物处理排放系统。场内设有配套微生物和产品质量检验室，并配备相应仪器设备和检验人员，疫病监测化验由农一师兽医站完成。

2. 防疫管理

防疫规章制度：

（1）严格执行上级管理部门制定的法律法规，认真遵守各项条例的同时积极地贯彻“防重于治”的原则。

（2）牛场入口设有消毒池及消毒室（内设紫外线灯），严格做好人员及车辆的消毒工作，门口配备喷雾器一台，对进场车辆进行消毒。

（3）建立出入登记制度，奶牛场谢绝参观，非生产人员不得进入生产区。职工进入生产区，应穿戴工作服穿过消毒通道，消毒后方可入场。严格控制非生产人员进入生产区，必须进入时更换工作服及鞋帽，经消毒后才能进入。

（4）运动场无积水、积粪、硬物及尖锐物。饮水池保持清洁无沉积物。排水沟保持畅通无杂物，定期清除杂草。

（5）每年春、秋季各进行一次结核病、布鲁氏菌病检疫。检测呈阳性或可疑反应的牛只及时按国家防疫规范和本场规章制度进行屠杀、隔离等防疫措施处理，检疫结束后，及时对牛舍内外及用具等彻底进行一次大消毒。

（6）每年春、秋对全群奶牛进行一次体内外寄生虫的检查驱除工作。

（7）坚持自繁自养，必须从外场引进牛只时，要确认产地为非疫区，且新引进的牛必须持有法定单位的检疫证明书，引进后隔离饲养 14 天，进行观察、检疫、监测、免疫，确认为健康后方可并群饲养。

（8）奶牛场员工每年应进行一次健康检查，如患传染性疾病应及时在场外治疗，痊愈后方可上岗。新招聘员工经健康检查，需确定无结核病与其他传染病。

（9）奶牛场员工家中不得饲养偶蹄动物，不得在奶牛场饲养其他种类的畜禽，禁止将畜禽或其产品带入场区。

（10）生产区不准解剖病死奶牛，死亡牛只应作无害化处理，尸体接触过的器具及其所处的环境做好清洁消毒工作。

（11）淘汰及出售牛只应经检疫并取得检疫合格证明后方可出场。运牛车辆经过严格消毒后方可进入指定区域装牛。

（12）奶牛发生疑似传染病或附近牧场出现烈性传染病时，应立即采取隔离封锁及其他应急措施。

（13）圈舍保持干净、通风采光良好，每隔 7 天全面清理常规消毒一次。

发生疫情时的紧急防疫措施：

（1）立即组成防疫小组，尽快做出确切诊断，迅速向有关上级部门报告疫情。

（2）迅速隔离病牛，对危害较重的传染病如口蹄疫及时划区封锁，建立封锁带，出入人员和车辆严格消毒，同时严格消毒受污染环境和周边环境。最后一头病牛痊愈或屠宰后两个潜伏期内再无新病例出现，经过全面大消毒，报上级主管部门批准，可解除封锁。

（3）对病牛及封锁区内的牛只实行合理的综合防制措施，包括疫苗的紧急接种、抗生素疗法、高免血清的特异性疗法、化学疗法、增强体质和生理机能的辅助疗法等。

（4）病死牛尸体严格按照防疫条例进行无害化处置。

12.2.3 免疫技术措施

1. 免疫程序

根据上级部门对奶牛疫病防控要求，结合牛场和牛场周边地区传染病流行病史情况，配合奶牛疫病综合防控技术示范实施，本场现在只对口蹄疫进行免疫。牛O型、Asia1双价灭活苗免疫采取每年免疫三次的免疫程序，分别在1月份、5月份、10月份免疫。口蹄疫A型灭活苗免疫同样采取每年三次的免疫程序，分别在2月份、6月份、11月份免疫。成年牛：肌肉注口蹄疫灭活苗，剂量2毫升/次；犊牛：3月龄首免，一月后强化免疫一次，剂量是成年牛的一半，即1毫升/次；补免措施：针对免疫抗体产生不佳的牲畜，可用进行补免。注：瘦弱、病牛、临产牛、2月龄以下犊牛暂时不用接种。

2. 免疫要求

（1）疫苗应按规定保存，注射时如遇瓶盖松动、破裂、瓶内有异物或凝块应弃用。

（2）免疫时做好详细记录，如疫苗生产厂家、批号、操作人员等，首免牛及时佩戴免疫耳标。记录及时保存至奶牛养殖档案中。

（3）注射所用的针头、针管等器具应事先进行消毒。注射部位经剪毛消毒后注射疫苗，严禁“飞针”方式注射，注射时针头逐头更换，禁止一个注射器盛装注射两种及两种以上疫苗。

（4）注射量严格按照疫苗说明进行。

（5）为防止免疫严重不良反应发生，注射疫苗时，应备足肾上腺素等抗过敏药；凡患病、瘦弱及临产牛（产前10～15天）缓注疫苗，待病牛康复、体况恢复及产后再按规定补注。

（6）疫苗包装容器使用后应焚烧深埋。

12.2.4 监测与净化技术措施

口蹄疫疫苗免疫后免疫抗体监测在注苗后25天采集血清进行抗体效价水平检测，对口蹄疫隐性带毒和持续感染牛采用非结构蛋白ELISA试剂盒进行检测，如果抗体水平达不到要求，立即补针。全场奶牛每年春秋两次进行结核和布鲁氏菌病“两病”检疫监测，检出的布病阳性牛按规程处理。

12.2.5 消毒技术措施

1. 消毒剂的选择

选择对人、奶牛和环境比较安全，对设备没有破坏，在牛体内不会蓄积的广谱、高效、低毒消毒剂。常选用的有：次氯酸盐、有机碘混合物、过氧乙酸、生石灰、氢氧化钠、高锰酸钾、硫酸铜、新洁尔灭、百毒杀、酒精等。

2. 消毒的方法

（1）喷雾消毒：可用0.2%～0.5%过氧乙酸、0.3%次氯酸盐、0.5%百毒杀，用高压消毒机进行喷雾消毒，主要用于牛舍消毒、带牛环境消毒、牛场道路和周围消毒、进入场区的车辆消毒。

（2）浸液消毒：用0.1% ~0.5%新洁尔灭水溶液洗手、洗工作服和胶靴。

（3）紫外线消毒：对人员入口处设紫外线灯进行照射消毒。

（4）喷撒消毒：在牛舍周围、入口、围产圈和犊牛栏下面要撒生石灰或3%火碱消毒。

3. 消毒内容

奶牛场每周进行一次全场大消毒；运动场、牛舍、挤奶厅、饮水槽、采食槽每周消毒一次。牛舍的全面消毒，按畜舍排空、清扫、洗净、干燥、消毒、干燥、再消毒顺序进行。工作人员进入生产区要更换清洁的工作服和鞋、帽，手洗净消毒后，穿上生产区的水鞋或其他专用鞋，通过脚踏消毒池进入生产区。牛体消毒：挤奶、助产、配种、注射治疗以及任何对奶牛进行接触操作前，应该先将牛有关部位如乳房、乳头、阴道口和后躯等进行消毒擦拭，以降低细菌数，保证奶牛健康。发生疫病威胁时进行紧急消毒。

表 12－1　新疆生产建设兵团农一师八团奶牛养殖场常用消毒剂

名称	浓度	适用范围
消毒威	1：800	牛舍内消毒、洗手消毒
万福金安	1：200	牛舍内消毒、洗手消毒
火碱	2% ~3%	牛舍外环境、门口消毒池
乳头药浴液	1：1	乳头药浴消毒
聚维酮碘、硫酸铜、福尔马林	5%	蹄浴液

12.3　新疆生产建设兵团农一师八团中心猪场

12.3.1　场区防疫环境特点

1. 场区地理环境特点

猪场坐落于阿拉尔市农一师八团西南2.2千米处养殖场境内，占地50亩，现存栏猪3 500头，其中，生产母猪250头，后备母猪95头，纯种公猪29头，纯种母猪30头，品种主要是长白，另有大约克和杜洛克。有高标准现代化猪舍12栋，猪场采取全价饲料、分段饲喂、高床养殖技术、程序免疫、三元杂交等工厂化养猪配套技术。实行“四定一奖”的产量责任承包制，即“定产量、定饲料消耗、定报酬、超欠奖罚的管理办法。本养殖场是阿拉尔市农一师的标准化生猪养殖示范基地。猪场常年平均温度15℃，湿度60%。猪场地势平坦、干燥，背风向阳，排水良好，通风顺畅，向阳避风，远离居民区，厂区环境达到了硬化、美化、绿化，生猪养殖本着防疫程序化、饲养科学化、繁育现代化、管理标准化的水准进行。

2. 场址选择及布局

猪场距主干公路（阿塔公路）0.55 千米，有利于运输商品猪和饲料，远离屠宰厂和市场（猪场距八团生猪屠宰厂 1 千米，距市场 3 千米以外）。全年极端最高气温 35℃，极端最低气温 -23℃。太阳辐射年均 133.7 ~ 146.3 千卡/平方厘米。年均日照 2 556.9 ~ 2 991.8小时，日照率为58% ~69%。雨量稀少，冬季少雪，地表蒸发强烈，年均降水量为40.1 ~82.5 毫米，年均蒸发量 1 876.6 ~ 2 558.9毫米。养殖场区划分为生产区、管理区和生活区，各个功能区之间的间距大于 50 米，猪舍之间距离大于 10 米。

3. 养殖场防疫环境

猪场周边地区及场内近年来没有发生重大传染病疫情。

12.3.2 防疫管理措施

1. 防疫设施

猪场大门设有车辆出入消毒池，入场人员须经消毒池和紫外线照射消毒，每栋猪舍门口还设有消毒池，保证所有进入的车辆和人员都经过严格的消毒后才能入内。猪场建设有配套的粪尿污物处理排放系统，疫病监测化验农一师兽医站完成。

2. 防疫管理

防疫规章制度：

（1）猪场实行生产区与生活区分开，生产区门口设置消毒池和消毒室（内设紫外线灯），消毒池内常年保持2% ~4% 氢氧化钠溶液。

（2）严格控制非生产人员进入生产区，必须进入时更换工作服及鞋帽，经消毒后才能进入。

（3）生产区不准解剖病死猪，不准养狗、猪及其他畜禽，定期灭蚊蝇。

（4）每年春、秋对公、母猪进行一次体内外寄生虫的检查驱除工作，商品猪分别在 30 千克、60 千克驱虫。

（5）坚持自繁自养，必须从外场引进猪只时，要确认产地为非疫区，且新引进的猪必须持有法定单位的检疫证明书，引进后隔离饲养 14 天，进行观察、检疫、监测、免疫，确认为健康后方可并群饲养。

（6）管理人员、饲养人员及猪场兽医每年进行一次体检，如发现患有危害人、畜健康的传染病者，及时调离岗位，以防传播疾病。

（7）所有进入生产区的人员按指定通道出入，必须坚持“三踩一更”的消毒制度。即：场区门前消毒池（垫）、更衣室更衣和消毒液洗手、生产区门前消毒池及各动物舍门前消毒池（盆）消毒后方可入内。

（8）圈舍保持干净、通风采光良好，每隔 7 天全面清理常规消毒一次。

发生疫情时的紧急防疫措施：

（1）立即组成防疫小组，尽快做出确切诊断，迅速向有关上级部门报告疫情。

（2）迅速隔离病猪，对危害较重的传染病如口蹄疫及时划区封锁，建立封锁带，出入人员和车辆严格消毒，同时严格消毒受污染环境和周边环境。解除封锁的条件是在最后一头病猪痊愈或屠宰后两个潜伏期内再无新病例出现，经过全面大消毒，报上级主管部门批准，方可解除封锁。

（3）对病猪及封锁区内的猪只实行合理的综合防制措施，包括疫苗的紧急接种、抗生素疗法、高免血清的特异性疗法、化学疗法、增强体质和生理机能的辅助疗法等。

（4）病死猪尸体严格按照防疫条例进行无害化处置。

12.3.3　免疫技术措施

根据上级业务主管部门对猪疫病防控要求，结合猪场和猪场周边地区传染病流行病史情况，配合猪疫病综合防控技术示范实施，本场现在只对口蹄疫进行免疫。公猪、母猪一年免疫 3 次，即 3 次疫苗接种的时间通常在 4 月份、8 月份、12 月份。成年猪：颈部上 1/3 处多点肌注猪 O 型口蹄疫灭活苗，剂量 4 毫升/次；商品猪：27 日龄首免，免疫剂量 1.5 毫升/次；间隔 1 个月二免一次，剂量 2.5 毫升/头。

12.3.4　监测与净化技术措施

口蹄疫疫苗免疫后免疫抗体监测在注苗后 1 个月采集血清进行抗体效价水平检测。O 型免疫 30 天抗体效价 $\geqslant 2^6$ 为免疫合格。

12.3.5　消毒技术措施

（1）环境消毒猪舍周围环境、包括运动场，每周要用 2% 火碱消毒或撒生石灰 1 次。

（2）人员消毒：工作人员进入生产区时，要更换工作服，用紫外线消毒，工作服不准穿出场外。外来参观的人员进入场区参观时要彻底消毒，更换场区工作服和工作鞋，要严格遵守场内防疫制度。

（3）猪舍消毒：每班猪下槽后，猪舍应该彻底清扫干净，用高压水枪冲洗，并进行喷雾消毒。

（4）用具消毒：每周对饲喂用具、料槽和饲料车等进行消毒，可以用 0.1% 新洁尔灭或者 0.2% ~0.5% 过氧乙酸消毒。

（5）带猪环境消毒：每 15 天进行一次带猪环境消毒，以减少传染病和肢蹄病等的发生。可用于带猪环境消毒的消毒药有：0.1% 新洁尔灭，0.3% 过氧乙酸，0.1% 次氯酸钠。

12.4 新疆西部牧业良繁中心牛场

12.4.1 场区防疫环境特点

1. 场区地理环境特点

西部牧业良繁中心牛场于2005年3月建成，坐落于石河子城市北郊，与北湖毗邻，占地面积600亩，建设面积30 000多平方米。综合办公楼1栋，约4 300平方米，办公区、生活区设施齐全，实验区建有微生物实验室和乳品分析室，拥有乳品分析仪、无菌操作台、显微镜、恒温箱等多种试验仪器。

良繁中心牛场现有钢构钟楼式圈舍18栋，其中：27米跨度成母牛舍8栋，配有牛卧床和自锁式牛颈夹；12米跨度后备牛舍7栋。上述圈舍冬季室内温度可保持在0℃以上，夏季25℃以下；产房1栋，育犊舍1栋，病牛圈1栋，均配有采暖装置。

良繁中心牛场2005年引进澳牛917头，截止到2007年底，存栏奶牛1 665头，其中：成母牛841头，后备牛797头。现有法国库恩15立方米卧式TMR饲喂车2台；法国维美德大马力拖拉机1台；美国凯斯小铲车1台；国产宇通30型大铲车1台；以色列阿菲金2×16/32位智能化奶厅2座。牛场采取集中管理、分散饲养、集中榨乳的现代化运营模式，牛场建设用地较平坦，干燥，厂区环境达到了硬化、美化、绿化，奶牛养殖本着防疫程序化、饲养科学化、繁育现代化、管理标准化的水准进行，是石河子垦区标准化奶牛养殖示范基地，机械化水平也位居垦区之首。

2. 场址选择及布局

奶牛场建设在石莫公路边，有利于运送鲜奶和饲料，远离居民生活区，牛场距市区10余千米。春秋两季温度适宜，夏季偏热，最高温度可达37℃，冬季寒冷，最低可达－30℃。养殖场区划分为生产区、管理区和生活区，牛舍之间距离大于10米。

3. 现代化的牛舍设计

圈舍统一规划，布局合理，并设有换气扇，有效地保持了圈舍内空气的清新；牛床的设置使牛有一个舒适的休息地方，特别在寒冷的冬天，温度低，就显得更为重要；定位饲喂有效地保证了奶牛饲养上的“按需分配”，使生产性能高的牛得到合理的营养供给，牛自动饮水机可时时供给新鲜清洁的饮水，实现供水适量而不污染。

4. 养殖场防疫环境

牛场周边地区及场内近年来没有发生重大传染病疫情。

12.4.2 防疫管理措施

1. 防疫设施

奶牛场大门设有车辆出入消毒池，入场人员须经消毒池和紫外线照射消毒，每栋牛舍门口还设有消毒池，保证所有进入的车辆和人员都进过严格的消毒后才能入内。奶牛场建设有配套的粪尿污物处理排放系统，奶牛场已建设大型化粪沼气池一座，年处理粪便可达 2.19 万吨，年产沼气 153.18 万立方米，年产有机肥 1.532 万吨，年产沼液肥 10.956 万立方米，疫病监测化验由兵团动物防疫部门及相关科研院校完成。

2. 防疫管理

防疫规章制度：

（1）奶牛场实行生产区与生活区分开，生产区门口设置消毒池和消毒室（内设紫外线灯），消毒池内常年保持 2%～4% 氢氧化钠溶液。

（2）严格控制非生产人员进入生产区，必须进入时更换工作服及鞋帽，经消毒后才能进入。

（3）生产区不准解剖病死奶牛，不准养狗、猪及其他畜禽，定期灭蚊蝇。

（4）每年春、秋季各进行一次结核病、布鲁氏菌病检疫。检测呈阳性或可疑反应的牛只及时按国家防疫规范和本场规章制度进行屠杀、隔离等防疫措施处理，检疫结束后，及时对牛舍内外及用具等彻底进行一次大消毒。

（5）每年春、秋对全群奶牛进行一次体内外寄生虫的检查驱除工作。

（6）坚持自繁自养，必须从外场引进牛只时，要确认产地为非疫区，且新引进的牛必须持有法定单位的检疫证明书，引进后隔离饲养 14 天，进行观察、检疫、监测、免疫，确认为健康后方可并群饲养。

（7）管理人员、饲养人员及牛场兽医每年进行一次体检，如发现患有危害人、畜健康的传染病者，及时调离岗位，以防传播疾病。

（8）所有进入生产区的人员按指定通道出入，必须坚持“三踩一更”的消毒制度。即：场区门前消毒池（垫）、更衣室更衣和消毒液洗手、生产区门前消毒池及各动物舍门前消毒池（盆）消毒后方可入内。

（9）圈舍保持干净、通风采光良好，每隔 7 天全面清理常规消毒一次。

发生疫情时的紧急防疫措施：

（1）公司设有动物防疫部门（兽医站）全面负责、协调各养殖单位的防疫工作，发生疫情后，立即组成防疫小组，尽快做出确切诊断，并按相关程序迅速向有关上级部门报告疫情。

（2）迅速隔离病牛，对危害较重的传染病如口蹄疫及时划区封锁，建立封锁带，出入人员和车辆严格消毒，同时严格消毒受污染环境和周边环境。解除封锁的条件是在最后一头病牛痊愈或屠宰后两个潜伏期内再无新病例出现，经过全面大消毒，报上级主管部门批准，方可解除封锁。

（3）对病牛及封锁区内的牛只实行合理的综合防制措施，包括疫苗的紧急接种、抗生素疗法、增强体质和生理机能的辅助疗法等。

（4）病死牛尸体严格按照防疫条例进行无害化处置。

12.4.3　免疫技术措施

由公司设立的动物防疫部门（兽医站）全面负责、协调各养殖单位的防疫工作，并根据上级业务主管部门对奶牛疫病防控要求，结合牛场和牛场周边地区传染病流行病史情况，配合奶牛疫病综合防控技术示范实施，本场对口蹄疫、牛焦虫病进行免疫。口蹄疫一年集中免疫 3 次并适时采取补免，使用牛 O、Asia1 型口蹄疫双价和 A 型灭活苗，春、夏、秋各一次，即三次疫苗接种的时间通常在 3 ~4 月份、7 月、10 ~11 月份，严格按使用说明进行操作。牛焦虫病一年集中免疫 1 次，通常在 3 ~4 月份进行，严格按使用说明进行操作。

12.4.4 监测与净化技术措施

口蹄疫疫苗免疫后免疫抗体监测在注苗后 1 个月采集血清进行抗体效价水平检测。O、Asia 1、A 型液相阻断 ELISA，免疫 30 天抗体效价≥2^6 为免疫合格。全场奶牛每年春秋两次进行结核和布鲁氏菌病“两病”检疫监测，检出的布病、结核病阳性牛全部捕杀。

12.4.5 消毒技术措施

（1）环境消毒：牛舍周围环境、包括运动场，每周要用 2% 火碱消毒或撒生石灰 1 次。

（2）人员消毒：工作人员进入生产区时，要更换工作服，用紫外线消毒，工作服不准穿出场外。外来参观的人员进入场区参观时要彻底消毒，更换场区工作服和工作鞋，要严格遵守场内防疫制度。

（3）牛舍消毒：每班牛下槽后，牛舍应该彻底清扫干净，用高压水枪冲洗，并进行喷雾消毒。

（4）用具消毒：每周对饲喂用具、料槽和饲料车等进行消毒，可以用 0.1% 新洁尔灭或者 0.2% ~0.5% 过氧乙酸消毒。

（5）带牛环境消毒：每 15 天进行一次带牛环境消毒，以减少传染病和肢蹄病等的发生。可用于带牛环境消毒的消毒药有：0.1% 新洁尔灭，0.3% 过氧乙酸，0.1% 次氯酸钠。必须注意的是带牛环境消毒应坚决避免消毒剂污染牛奶。

（6）牛体消毒：挤奶、助产、配种、注射治疗以及任何对奶牛进行接触操作前，应该先将牛有关部位如乳房、乳头、阴道口和后躯等进行消毒擦拭，以降低细菌数，保证奶牛健康。

第十三章　西北地区放牧家畜口蹄疫防控技术示范基地

13.1　甘肃省皇城绵羊育种试验场

13.1.1　场区防疫环境特点

1. 场区地理环境特点

甘肃省肃南裕固族自治县地处河西走廊中部，祁连山北麓一线，东西长650千米，南北宽120～200千米，总面积2.05万平方千米。境内草原广袤、土地肥沃、森林茂密、河流纵横，是一个以牧业经济为主的县，畜牧业在该县国民经济中占主导地位。全县有可利用草场面积142.2万公顷，理论载畜量120万个羊单位，是甘肃省重要的畜牧业商品基地。甘肃省皇城绵羊育种试验场位于肃南县皇城区境内的皇城滩，是“甘肃高山细毛羊”和“中国美利奴高山型新类群”的主要育种基地，在甘肃乃至周边省区绵羊改良、养羊业发展中始终发挥着龙头示范作用。

2. 场址选择及布局

甘肃省皇城绵羊育种试验场位于甘肃、青海两省交界的祁连山东段冷龙岭北麓，东经101°45′，北纬37°53′，海拔2 600～3 500米，属高寒牧区。现有草场面积19.8万亩，其中可利用面积14.9万亩，人工围栏操场面积1.5万亩，天然围场面积3.2万亩，饲料基地2万亩。年存栏绵羊约18 900余只。

3. 养殖场防疫环境

皇城地区空气洁净新鲜，牧草茂盛。高原阳光充足，紫外线强，对养殖环境有自然净化作用。羊场春夏秋季放养，冬季圈养。可能接触的动物有马、牦牛、猪、野生动物。该地区自然隔离环境好，羊疫病少，利于发展无公害农产品。

13.1.2　防疫管理措施

该场养殖方式以放牧为主，补饲为辅，放养与圈养相结合。自产的牧草为羊场饲料的主要来源，冬季则饲喂储存的人工干草、燕麦、青稞等饲料。这种养殖模式利于增强家畜体质，解决以往放牧家畜“秋肥而春乏”的问题，有助于疫病的防控。

该场历来对疫病的预防和控制非常重视，在实践过程中总结和制定了一系列措施和相应的程序，主要包括“养、防、检、治”四个基本环节的综合性防治措施，即首先做好搞好饲养管理，增强个体的抗病能力，按计划及时进行免疫接种、驱虫等工作，按时进行草原轮牧，平时做好检疫工作，发现异常及时选用首选药品治疗。

把防控制度贯穿于每一个环节，由兽医人员监督全体人员执行。同时，由于放牧家畜与周边养殖户存在接触的可能性，该场与周边地区建立了疫病联防制度。

13.1.3 免疫技术措施

该场疫病主要是消化系统和呼吸系统疫病，寄生虫病发病率略高，但总体发病率不到1%。冬春季易发脑包虫病、吸虫病、肺炎、羔羊痢疾。其他疫病如肝炎、大肠杆菌病、口膜炎偶有发生，但发病率低，对整个羊场造成的损失不大。

羊场定期在在春秋两季进行疫苗接种和驱虫工作，注射的疫苗主要有羊四联苗、口蹄疫疫苗、炭疽苗。该场自制口膜炎疫苗进行预防接种。

每年在产羔季节，对羔羊进行大肠杆菌苗和口膜炎苗接种，在3月初对绵羊进行羊痘冻干苗、四联苗或五联苗预防接种，6月底用布氏杆菌弱毒5号苗、炭疽Ⅱ号芽孢苗接种，并且定时进行口蹄疫弱毒苗进行接种等。以防传染病的发生和流行。为了防治羔羊大肠杆菌病和羔痢，在羔羊出生后24小时内用菌必治或环丙沙星类药物、青霉素和链霉素或卡那霉素等进行灌服预防，连用3天，效果很好。

表13－1为该场免疫接种及驱虫工作方案。

表13－1 甘肃省皇城绵羊育种试验场疫病防控方案

项目＼月份	3	4	5	6	7	8	9	10	11	12	备注
绵羊驱虫	√						√				
羊五号（布鲁氏杆病活疫苗	√										
Ⅱ号炭疽芽孢苗（或无毒炭疽芽孢苗）		√	√		√						4、5月为马、牛的注射时间
绵、山羊痘弱毒冻干苗	√										
羔羊口膜炎疫苗		√	√								产羔期按时预防
羔羊痢疾		√	√								同上
羊梭菌病三联四防冻干苗	√						√				
药浴					√						剪毛3天后进行
牛出败			√						√		
马驱虫				√							
犬驱虫	√	√	√	√	√	√	√	√	√	√	1、2月正常进行
口蹄疫O、AsiaⅠ型双价灭活疫苗			√						√		
炭疽检疫、检测					√						剪毛前
布病检疫、检测					√						同上
猪、禽的预防	√			√			√			√	

13.1.4　监测与净化技术措施

草原是许多寄生虫生长发育的产卵宿地，在放牧过程中，绵羊采食寄生虫虫卵污染的牧草和饮水，感染体内外寄生虫。不仅造成大量的死亡、畜产品废弃等经济损失，还能使动物体质下降，增加感染其他传染病的机会。

对传染病的防治该场始终坚持“预防为主，养防结合，检免结合，防重于治”的原则。防控重点有口蹄疫、羊痘、口膜炎、布鲁氏菌病、巴氏杆菌病、炭疽、羔羊大肠杆菌病、羊梭菌性疾病等。每年按不同的季节组织科技工作者和兽医检疫人员定期对布病、炭疽等病进行检查和检疫，发现阳性或可疑的及时严格处理。

采取的防治措施主要有以下几点：

1. 加大主要疫病控制与净化的力度：加强监测普查和清除阳性带毒羊的力度，以建立健康的核心育种群。对核心育种群要继续进行健康情况的监测，并扩大疫病监测的类群，继续保持良好的健康状态。

2. 加强兽医实验室的建设：加快完善兽医诊断室、检疫室、疫病检测室的建设，配备必需的仪器和专职实验室兽医技术人员，具备主要疫病抗体监测的能力，提高兽医诊断室的监测水平。

3. 加强技术指导：与有关单位联合，成立主要疫病控制与净化工作技术专家工作组，将继续对我站乃至全省开展主要疫病控制与净化工作进行分类指导。

4. 加强基层技术人员的技术培训：推行动物疫病防疫员、动物检疫员和兽医化验员持证上岗制度。定期或不定期对基层技术人员进行疫病诊断、防治及净化知识的培训。

5. 抓好主要疫病的监测与阳性羊的清除工作：

（1）开展主要流行疫病的病原学监测；

（2）强化种公羊疫病的监测与净化；

（3）做好核心群健康状况的监督检查。

6. 完善生物安全体系：

（1）严格的封闭式管理，严禁场外人员、车辆进入生产区；

（2）严格的消毒制度；

（3）开展场内灭鼠、灭蝇、蚊等工作；

（4）设立专门的隔离舍，对可疑病畜进行隔离治疗；

（5）对病死及淘汰的畜严禁出售，应进行无害化处理。

13.1.5　消毒与驱虫技术措施

1. 消毒

消毒是综合性防治措施的重要环节。在羊只进入冬圈前、春季产羔前和产羔中用生石灰、强力消毒灵、烧碱溶液、复合酚消毒剂等消毒药物进行彻底的消毒。同时要对初生羔羊脐带用碘酒严格消毒，防止病菌进入体内。

2. 驱虫

（1）轮牧是草原除虫的最佳措施。放牧过程中，粪便污染草地，其中的寄生虫虫卵和幼虫在适宜的温度和湿度下开始发育，如在它们没发育到感染期时，把动物转移到新的草地进行放牧就会避免感染。该地区该场主要采取分冬、春、夏、秋四季轮牧的放牧方式有较好效果。

（2）及时清理圈舍粪便，防治重复感染。寄生到消化道、呼吸道、肝脏、胰腺及肠系膜血管中的寄生虫，在繁殖过程中随粪便一起把大量的虫卵、幼虫或卵囊等排到外界环境，发育到感染期，使绵羊再感染。杀灭这些寄生虫的最好方法是及时清理圈舍，把粪便堆积发酵。因其对化学消毒药物有较大的抵抗力，但对热较敏感，在50～60℃温度下足以杀灭。

（3）定期驱虫。每年春、秋两季用抗蠕敏等广谱类抗寄生虫类药品进行定期驱虫。春季驱虫的目的是防止草地被污染，秋季驱虫的目的是将体内已感染的寄生虫驱除体外，防止寄生虫病的发生。对患有寄生虫病的羊只，要坚持在早期用抗寄生虫病的药物治疗，防止病原体的扩散和环境污染。

（4）防止外寄生虫感染。为了防止体外寄生虫的感染，须搞好药浴工作：在绵羊剪毛后7～10天内进行，间隔7天再进行一次。常用的药浴方法有池浴、淋浴和喷雾三种。常用的药浴药有螨净、蝇毒灵20%乳粉或16%的乳油配制的水溶液、杀虫脒、敌百虫等。药浴持续时间为治疗2～3分钟，预防1分钟。

（5）保护幼畜：一般成年羊的抵抗力强，不易感染或感染后发病较轻或不发病，但往往是重要的感染来源。而幼龄羊则抵抗力弱，易感染，感染后发病严重，死亡率高。因此应做好幼畜的保护。主要措施有：将幼年羊和成年羊分群隔离饲养；羔羊要按时断奶，断奶后立即分群，安置在经过除虫处理的畜舍饲养，放牧时要安排在优质、清洁的草场，轮牧时应先放牧幼畜后放牧成年等。

（6）注意事项

在驱虫时对病、弱、孕畜用药应严格控制剂量，按正常剂量的2/3给药。

为慎重起见，牛、羊用药后，14日方可宰杀食用，且用药21日内牛、羊奶不得人用。

对牛、羊体内外寄生虫在7～10日后重复用药一次，以巩固疗效。

做好保虫宿主的管理和驱虫工作，为了防止反刍兽绦虫病、棘球蚴、多头蚴、细颈囊尾蚴等病的感染，必须加强牧犬等保虫宿主的管理。

附录1　规模养殖场口蹄疫风险评估技术规范（修订稿）

国家科技支撑计划《口蹄疫综合防控技术集成与示范》课题组
河南省动物疫病预防控制中心

口蹄疫（Foot and Mouth Disease，FMD）是由口蹄疫病毒引起的以偶蹄动物为主的急性、热性、高度传染性疫病，为人畜共患病，世界动物卫生组织（OIE）将其列为必须报告的动物传染病，我国规定为一类动物疫病。

口蹄疫对规模养殖场危害严重，且具有重要的公共卫生意义。为科学评价规模养殖场口蹄疫发生的风险度，从而及时采取措施预防、控制口蹄疫的发生，依据《中华人民共和国动物防疫法》、《重大动物疫情应急条例》、《国家突发重大动物疫情应急预案》等法律法规，制定本技术规范。

1. 适用范围

本规范规定了影响规模养殖场口蹄疫发生的可能风险因子及其分值，以达到通过对这些影响因子分值的分析评估预警规模养殖场口蹄疫发生风险度的目的。

本规范适用于中华人民共和国境内一切规模养殖场。

2. 规范性引用文件

本标准引用下列文件中的条款作为本标准的条款。凡注日期的引用文件，其随后所有的修改（不包括勘误的内容）或修订版均不适用于本标准。凡不注日期的引用文件，其最新版本适用于本标准。

《中华人民共和国动物防疫法》

《重大动物疫情应急条例》

《国家突发重大动物疫情应急预案》

《中华人民共和国进出境动植物检疫法》

《中华人民共和国进出境动植物检疫法实施条例》

GB/T 18935—2003　口蹄疫诊断技术

SN/T 1181. 3—2003　食道咽部口蹄疫病毒探查试验

《口蹄疫防治技术规范》

3. 术语与定义

本规范采用下列术语和定义。

3. 1　规模养殖场

指经省、市畜牧行政部门批准，养殖牲畜数量满足省畜牧行政部门有关规定的牲畜养殖场。

3.2 风险因子

指影响事物朝着人们非期望方向发展的各种不确定性因素。

3.3 风险评估

指对各种风险因子进行测试和分析，以估计事物朝着非期望方向发展的可能性和程度有多大。

4. 影响口蹄疫发生的风险因子

影响规模养殖场口蹄疫发生的风险因子主要包括特殊因子和普通因子两大类。

4.1 特殊因子

4.1.1 本场家畜健康带毒即口蹄疫病原学检测结果为阳性。

4.1.2 本场家畜未免疫口蹄疫。

4.1.3 本场所在地及周边当前存在口蹄疫疫情。

4.2 普通因子

4.2.1 场址、布局与设施设备

4.2.1.1 场址

养殖场：屠宰厂与畜产品加工厂及其他养殖场的距离是否在2 000米以上；与主干道或居民区的距离是否在1 000米以上；上风向3 000米以内是否有屠宰场、养猪场、养牛场和养羊场。

4.2.1.2 布局

养殖场周围是否有符合防疫要求的围墙或防疫沟；围墙外是否建立绿化隔离带；场区入口处是否设明显的警示标志；管理区、生产区和隔离区是否严格分开且界限分明；配种舍、妊娠舍、产房、带仔母畜舍、保育舍、育成舍是否依次沿着顺风向建设；道路是否硬化，场内净道和污道是否分开且无交叉；展示厅和装畜台是否建在生产区边缘并设有专用出口。

4.2.1.3 设施设备

养殖场及隔离舍的出、入口处是否设有符合要求的消毒池、消毒通道、更衣室；是否有废弃物（粪便、污水、垫料等）无害化处理设施；是否有防鼠、防风、防盗设施；是否有存放饲草、饲料的专用场所；是否有场内专用运输车辆。

4.2.2 饲养管理

养殖场是否坚持自繁自养和全进全出的饲养管理模式；如需引种，引入后是否对其采取符合规范要求的消毒、隔离、观察、检测等措施；饲料是否符合营养要求；牲畜的营养状况是否良好；饲养密度是否合适；与其他畜禽是否混养；垫草、垫料是否符合要求。

4.2.3 隔离消毒

养殖场是否设有用于动物采样和处理的场地；是否选用口蹄疫病毒敏感的碱性或酸性消毒药进行消毒，并且定期交替更换不同的消毒药；是否对外围环境坚持1周消毒1次，舍内的走廊、过道等坚持1周消毒两次，产房、保育舍等车间保持1周3次的带畜消毒；每次消毒是否彻底；消毒方式是否正确；发现疑似口蹄疫感染或死亡的动物，是否及时将其与其他动物进行隔离观察；对患病动物停留过的地方和污染的用具、物品是否进行消毒；动物入场运输所使用的车辆、饲料、垫料、排泄物及其他被污染物料等，应在动物运抵饲养场后，及时进行清洗、消毒。

4.2.4 免疫

养殖场是否制定有适合本场的免疫程序；是否按免疫程序及时免疫；是否选择与流行毒株相同血清型的口蹄疫疫苗用于预防接种；疫苗的贮存是否符合要求；疫苗的接种方法、剂量是否符合要求；整个畜群的口蹄疫免疫抗体水平合格率是否达到要求；其他主要动物疫病免疫抗体水平是否在有效保护范围内。

4.2.5 监测与净化

养殖场是否制定有监测方案；是否定期抽样进行血清学检测；是否定期抽样进行病原学检测；是否开展流行病学调查；发现疑似疫情是否及时上报当地动物疫病预防控制机构并按有关规范处处置；是否对其他主要动物疫病进行净化。

4.2.6 无害化处理

养殖场对病死牲畜、扑杀牲畜及其产品、排泄物以及被污染或可能被污染的垫料、饲料和其他物品是否进行无害化处理；对清洗所产生的污水、污物是否进行无害化处理。

4.2.7 疫病流行状况

养殖场3年内是否发生过口蹄疫；养殖场目前是否有其他动物疫病流行；养殖场周边地区3年内是否发生过口蹄疫；养殖场周边地区目前是否有其他动物疫病流行；季节性和周期性的影响，是否处于口蹄疫发生的季节和周期内。

4.2.8 其他因子

养殖场是否建立有兽医诊断实验室；是否配备满足需要的专业技术人员；是否建立场内、舍内环境定期消毒制度并严格执行；是否建立污染物无害化处理制度并严格执行；是否建立工作人员自身消毒制度并严格执行；是否建立场外人员禁入生产区等防疫制度并严格执行；是否设置遵守口蹄疫疫情报告制度；是否遵守口蹄疫应急处置原则及疫情扑灭制度；是否存在野生动物迁徙的影响；养殖场周围1千米范围内是否有易感动物及其产品的运输、交易发生；是否存在养殖场间相互联系的影响；是否存在风媒传播的风险；是否使用含有口蹄疫易感动物源性饲料添加成分的饲料。

5. 风险评估预警

5.1 所列特殊因子不计权重值，为优先评估因子，存在任一项，即可评估为口蹄疫发生高风险。

5.2 普通因子的综合评估指数在7以上者，评估为口蹄疫发生风险度较高；综合评估指数在4~7之间者，评估为口蹄疫发生风险度中等；综合评估指数在4以下者，评估为口蹄疫发生风险度较低；综合评估指数为0者，评估为无口蹄疫发生风险。

规模养殖场口蹄疫风险评估分析表

类别	影响因子	评估标准			权重（Wi）	测量值（Pi）	得分（Gi）	备注
		符合要求（0分）	基本符合（4分）	不符合（10分）				
1. 家畜健康带毒即口蹄疫病原学检测结果为阳性								高风险
2. 本场家畜未免疫口蹄疫								高风险
3. 本场所在地及周边当前存在口蹄疫疫情								高风险
普通因子	一、场址、布局与建设				0.054			
	1. 与屠宰厂或肉品加工厂及其他养殖场的距离	2 000 米以上	1 000～2 000 米	1 000 米以下	0.00432			
	2. 与主干道或居民区的距离	1 000 米以上	500～1 000 米	500 米以下	0.00432			
	3. 上风向 3 000 米以内有无屠宰场或其他养殖场	无		有	0.00432			
	4. 围墙或防疫沟，围墙外建立绿化隔离带	有	有但隔离作用差	无	0.00432			
	5. 场门口设明显的警示标志	有	有但不明显	无	0.00216			
	6. 管理区、生产区和隔离区分设且界限分明	是	界限不分明	否	0.00432			
	7. 配种舍、妊娠舍、产房、带仔母畜舍、保育舍、育成舍是否依次沿着顺风向建设	是	部分阶段是	否	0.00432			
	8. 净道和污道分开且互不交叉	是	分开但有交叉	否	0.00432			
	9. 场内道路应硬化	是	部分硬化	否	0.00216			
	10. 展示厅和装畜台在生产区边，有专用出口	符合要求	基本符合	不符合	0.00216			
	11. 出、入口处设有符合要求的消毒池、消毒通道、更衣室	有	有但不符合要求	无	0.00648			
	12. 废弃物（粪便、污水、垫料等）无害化处理设施	有	有但不符合要求	无	0.00432			
	13. 场内专用运输车辆	有	有但偶尔出场	无	0.00432			
	14. 防鼠、防风、防盗设施以及存放饲草、饲料的专用场所	有	有但不符合要求	无	0.00216			
	二、饲养管理				0.1018			
	15. 自繁自养和全进全出的饲养管理模式	是	外来引种对其进行消毒、隔离	否	0.03054			
	16. 使用符合营养要求的饲料	是		否	0.01018			

（续表）

类别	影响因子	评估标准			权重（Wi）	测量值（Pi）	得分（Gi）	备注
		符合要求（0分）	基本符合（4分）	不符合（10分）				
普通因子	17. 营养状况	良好	一般	较差	0.02036			
	18. 饲养密度	适中	一般	过大	0.02036			
	19. 与其他畜禽混养	否		是	0.01018			
	20. 垫草、垫料	及时清理	偶尔清理	不清理	0.01018			
	三、隔离消毒				0.1827			
	21. 用于动物采样和处理的场地	有		无	0.009135			
	22. 选用合适消毒药，定期交叉使用不同消毒药	是	单一消毒药	否	0.01827			
	23. 消毒频率	符合要求	基本符合	不符合	0.027405			
	24. 消毒彻底	是		否	0.03654			
	25. 消毒方式	正确		不正确	0.01827			
	26. 临床疑似口蹄疫感染的动物	及时隔离		不隔离	0.03654			
	27. 患病动物污染的场所及器具等	彻底消毒	消毒不彻底	不消毒	0.03654			
	四、免疫				0.3024			
	28. 制定适合本场的免疫程序	有		无	0.03024			
	29. 按免疫程序及时免疫	是		偶尔免疫	0.06048			
	30. 选择与流行毒株相同血清型的口蹄疫疫苗	是		否	0.06048			
	31. 疫苗的贮存	符合要求	基本符合	不符合	0.04536			
	32. 疫苗的接种方法、剂量	符合要求	基本符合	不符合	0.04536			
	33. 整个畜群的口蹄疫免疫抗体合格率	符合要求	基本符合	不符合	0.06048			
	34. 其他主要动物疫病免疫抗体水平在有效保护范围内	是		否	0.01512			
	五、监测与净化				0.1018			
	35. 制定有监测方案	是		否	0.016967			
	36. 定期进行血清学监测	有		无	0.016967			
	37. 定期抽样进行病原学监测	是		否	0.016967			
	38. 开展流行病学调查	是		否	0.016967			
	39. 发现疑似疫情及时上报并按规范处置	是	处置不规范	否	0.016967			
	40. 对其他主要动物疫病进行净化	是		否	0.016967			

（续表）

类别	影响因子	评估标准			权重（Wi）	测量值（Pi）	得分（Gi）	备注
		符合要求（0分）	基本符合（4分）	不符合（10分）				
普通因子	七、疫病流行状况				0.1018			
	六、无害化处理				0.1018			
	41. 病死牲畜、扑杀牲畜及其产品、排泄物以及被污染物品进行无害化处理	是	处理不规范	否	0.0509			
	42. 对清洗所产生的污水、污物进行无害化处理	是	处理不规范	否	0.0509			
	43. 该场发生过口蹄疫疫病史	从未发生	3年前发生过	3年内有	0.02036			
	44. 该场目前是否有其他动物疫病流行	无		有	0.02036			
	45. 周边地区发生口蹄疫疫病史	从未发生	3年前发生过	3年内有	0.02036			
	46. 周边地区目前是否有其他动物疫病流行	无		有	0.01018			
	47. 处于口蹄疫发生的季节和周期内	否		是	0.03054			
	八、管理状况				0.054			
	48. 养殖场建立有兽医诊断实验室	有		无	0.0027			
	49. 专业技术人员水平	符合要求	基本符合	无技术人员	0.0054			
	50. 建立定期消毒制度、无害化处理制度并严格执行	有并严格执行	有但执行不严格	无	0.0054			
	51. 遵守口蹄疫疫情报告制度应急处置原则及疫情扑灭制度	是		否	0.0081			
	52. 野生动物迁徙	无		有	0.0054			
	53. 易感动物及其产品的运输、交易	无	有但在1千米范围内	1千米范围内有	0.0054			
	54. 养殖场间相互联系及动物器具的迁移	无		有	0.0054			
	55. 风媒传播的风险（上风向200千米内有疫情）	无		有	0.0081			
	56. 易感动物源性饲料	无		有	0.0081			仅适用于牛场
	合计（综合评估指数）							

注：1. 本表用于现场风险评估。2. 本表所列特殊因子不计权重值，为优先评估因子，存在任一项，即可评估为口蹄疫发生高风险。3. 得分（Gi）值＝权重（Wi）值×测量值（Pi），测量值为现场打分值；综合评估指数为所有普通因子得分总和。4. 普通因子综合评估指数在7以上者，评估为口蹄疫发生风险度较高；综合评估指数在4～7之间者，评估为口蹄疫发生风险度中等；综合评估指数在4以下者，评估为口蹄疫发生风险度较低；综合评估指数为0者，评估为无口蹄疫发生风险。

附录2 口蹄疫监测样品的采集技术

1. 采样原则

（1）采样准确。根据检验目的采集相应样品。用于免疫抗体水平测定和感染抗体检测时采集动物的血清；用于病毒分离、鉴定的样品以发病动物（牛、羊或猪）未破裂的舌面或蹄部鼻镜、乳头等部位的水泡皮和水泡液最好。对临床健康但怀疑带毒的动物可在屠宰后采集组织样品如淋巴结、脊髓、肌肉等作为检测材料；对怀疑带毒的反刍动物还可采集 O/P 液。

（2）采样及时。采集用于病原鉴定的样品以采集未破溃的水泡皮和水泡液为最佳。

（3）取样洁净。按无菌要求操作，采样用具均须灭菌处理。不能做到无菌操作的，取样部位要冲洗干净，但不能用消毒剂处理，采集的样品应加适当抗生素。采样时必须仔细，防止样品交叉污染或混淆。

（4）足量采样。采集样品的数量要满足检验的需要，并留有必要的复检备份。一般的，血清样品每份不少于 2 毫升，水泡皮、组织样品每份至少 1 克。

（5）安全防护。采样过程中，采样人员应采取必要的安全防护措施。

（6）安全保存。应保持样品新鲜，根据样品的性状可做暂时冷藏或冷冻处理。样品在 12 小时内能送达实验室者，可只作冷藏处理。超过 12 小时才能送达实验室的样品，应冻结处理。

采集血样时，要求采血针管的推拉动作柔和，以免溶血发生；为了血清易于析出，将采集的血样先置于37℃温箱 1 小时，再置于4℃冰箱 2 小时，之后分离血清，也可采取高速离心的方法分离血清。

（7）妥善包装。采集的样品必须放置于专门的容器中，经妥善包装后密封冷藏运送。装载样品的容器可选择玻璃或塑料材质的，可以是瓶式，管式或袋式。容器必须完整无损易于密封，密封要完好，既保证含毒液体和气溶胶不漏散毒，又要避免外部液体和气体（特别是干冰形成的 CO_2）渗入容器灭活病毒。容器应在采样前冲洗干净以干热或高压灭菌。每个样品容器的装样量不可过多，尤其是液态样品不可超过容量的 80%，如果选用塑料袋，则应用两层袋，用封口机封口，防止液体漏出或水污染样品。装样品的容器应贴上标签，标签要防止因冻结而脱落，标签应标识清楚采集时间、地点、动物种来源、序号、样品名称等。样品采集包装运输过程一定注意外包装的消毒处理，防止病原微生物在运输过程的扩散。

（8）快速安全送达。样品必须尽快送达实验室检测。要注意避免样品在运送途中变质和发生意外，供血清学检验的冷藏样品，必须在 24 小时内送到实验室；供病原学检验的冷藏样品，须在数小时内送达实验室；经冻结的样品须在24小时内送到，若24小时内不能送达实验室，则需要在运送过程中保持样品处于冻结状态。妥善安放各样品瓶（袋），防止碰撞，保持平稳运输。

2. 采样方法

（1）水泡性材料采集。

水泡材料是指病畜的水泡液和水泡皮，该类材料富含病毒，易于进行病原学诊断。

水泡液采集：用消毒过的注射器从未破溃水泡中吸出水泡液，装入灭菌瓶中，（可加入适量的抗生素，如青霉素1 000单位/毫升，链霉素1 000单位/毫升），加盖后用胶带封口，贴上标签，冷藏保存。

水泡皮采集：选采新鲜、成熟、未破裂或刚破不久的水泡泡皮，陈旧、结痂或腐败变质的残破水泡皮则不能用。

牛样应采取舌表面的水泡皮，在水泡尚未破溃或刚破溃时，牛的口中少量流涎或不流涎，这是采集病料的最佳时机。当体温下降、大量流涎，水泡已完全破溃时，就找不到合适的水泡皮了。在采不到舌面水泡皮的情况下，可采取蹄叉及蹄冠部的水泡皮。

猪样应采取蹄叉部、蹄冠部或鼻镜部的水泡皮，不要采取蹄踵部角质化表皮。

羊的水泡材料较难采集，水泡通常小而分散，需要仔细寻找。

采取水泡皮时应尽量保持无菌，用消毒剪子剪下水泡皮后，置入无菌小瓶中，加入由等量甘油和0.04摩尔/升磷酸盐缓冲液（PBS，pH7.2～7.6）配制成的运输液中，可加入适量抗生素。加盖及用胶带封口，贴上标签，－20℃下保存。

（2）O/P液样品采集。

O/P液是从动物食道/咽部括取的黏膜样品，主要用于查明牛、羊等反刍动物感染FMD及持续带毒状况。

被检动物预先禁食12小时（可饮水），防止采样时反刍胃内容物污染O/P液。采样用特制的食道探杯（probang cup），在使用前先用0.2%柠檬酸或2% NaOH溶液浸泡消毒，再用清水冲洗后使用。

采样前应预备容量为25毫升的样品瓶，每个样品瓶预先加8～10毫升样品保存液（细胞培养维持液或0.04摩尔/升PB，pH7.4）。贴上防水标签，用防水笔写明样品的名称，编号，采集地点，动物种类，时间等。采到的样品应立即放入有冰块的冷藏箱内保存。

（3）血液样品采集。

血液样品包括血清、血细胞及血液中其他内含物，通常用于检测动物的抗体及免疫细胞，用于评价动物的免疫与感染状况。

血清样品：无菌采取动物血液10毫升，分离血清（每头动物不少于2毫升），分装入两个灭菌管内。加盖、封口并贴上标签，编号，置于4℃保存或冻结保存，但不能反复冻融，否则抗体效价下降。

全血样品：在无菌的条件下采血，采取的血样尽快同抗凝剂—肝素混匀（每毫升全血加0.1～0.2毫克）或乙二胺四乙酸（EDTA）（每20毫升全血加1毫升含30毫克EDTA的0.7%氢氧化钠水溶液），样品在送至实验室前应于4℃保存。

（4）奶样：采集奶样是对泌乳动物的无惊扰采样方式，可作为例行监测手段，通过检测奶样可以了解泌乳动物的口蹄疫感染与免疫状况。先将乳房、乳头作清洗消毒后，用手挤取乳汁，初挤出的乳汁弃去，无菌收集后挤的乳汁。装入小瓶中，可加适量抗生素。加盖、封口并贴上标签。

（5）唾液：用手在口腔内刺激，将唾液收集于容器内，保存及运送方式同O/P液。

（6）鼻分泌液、呼吸道分泌液和渗出液：取两团棉布或脱脂棉球各重约0.5克，放在玻璃瓶内称重，将棉布塞于试验动物的鼻孔内，停留10～15分钟。将棉布移回玻璃瓶中，加磷酸盐缓冲液于棉布中，每克净重加1.0毫升液体，这样大体上作了1∶2的稀释。将棉布放在20毫升的注射器中挤压以分离稀释的鼻液。可用棉拭子擦拭上呼吸道——软腭背面、咽壁和咽扁桃体采取样品，每个棉拭子加于5毫升保存液中立即振摇。所有分泌液用12 000克离心沉淀10分钟以除去固体颗粒，保存及运送方式同O/P液。

（7）组织样品：采集的组织可用于分离培养病毒，或做组织病理学检查和分子生物学快速诊断，有时也用作血清学检验的抗原。口蹄疫感染动物的脊髓，淋巴结，扁桃体中的病毒含量较高，取被膜完好的脊髓3～5厘米长；淋巴结3～4个；肌肉或扁桃体3～5克，样品分别装入小食品袋内。淋巴结样品通常采取的是腹股沟和颌下部位的淋巴结，在冻肉冷库可用凿子采取腹股沟浅淋巴结和脊髓。

（8）生殖道样品：生殖道样品主要是胎儿、胎盘、阴道分泌物、精液、受精卵等。这些样品可供作病原学检验。采集方法同分泌物和组织样品的采集。

（9）皮、毛样品：对皮、毛检验的目的是检验有无口蹄疫病毒沾染。在每皮的腿部或腋下边缘部位，割（或剪）取样皮一块约2平方厘米。样皮应装入特制的布袋或铁盒内，原毛的取样，从同批货物中分不同层次，不同部位取样，每份样品50克，取样后用固定、专用的容器盛装，标明原产地、取样批号、部位、采样日期等，立即送检。

（10）粪便、尿液：以灭菌的棉拭子从直肠深处蘸取或用带上乳胶手套的手伸入直肠内取粪便，所收集的粪便装入灭菌的容器中，密封贴上标签，立即冷藏或冷冻送实验室。尿液样品可在动物排尿时收集，也可用导管导尿或膀胱穿刺采集。

附录3　华都种猪场种猪饲养管理规程

1. 范围

本规程规定工厂化养猪种猪、产仔、育成、育肥四阶段的饲养管理标准，适用于华都种猪繁育公司各级种猪场。

1.1　本场饲养大白种猪、长白种猪、杜洛克种猪，种猪符合行业标准（中华人民共和国农业行业标准《大约克猪种猪》和中华人民共和国农业行业标准《长白猪种猪》）及中华人民共和国农业行业标准《杜洛克种猪》）。

2. 种猪车间饲养管理

2.1　种公猪的饲养管理

2.1.1　饲喂　种公猪要饲喂全价配合饲料，以潮拌料的形式饲喂，根据体重、体况、环境温度、季节等调节饲料供给量，日喂2~3千克，给料2次。

2.1.2　运动　结合天气情况，公猪要进行有规律的自由运动。

2.1.3　冲洗刷拭　结合天气情况，每1~2周冲洗1次公猪（水温在30~45℃），同时进行体表刷拭，剪去包皮部的长毛。

2.1.4　环境控制　搞好环境卫生，充分利用现有设备，控制舍内环境，随气候变化使温度为14~22℃，相对湿度65%~75%，CO_2≤1 500毫克/立方米，NH_3≤25毫克/立方米，H_2S≤毫克/立方米，可吸入颗粒1毫克/立方米，总悬浮颗粒物3毫克/立方米。在天气骤变前根据天气预报，控制舍内环境逐渐向变化结果方向转变，以使骤变转变成渐变，减少应激。

2.1.5　后备公猪的调教　后备公猪7~8月龄可开始调教，每天可调教1次，每次不超过15分钟，到9~10月龄时达到熟练采精、配种。

2.1.6　精液检查及配种　公猪每1周进行1次精液检查，鲜精活力不得低于0.7，精子畸形率不超过18%，成年公猪每周参配不超过4次，青年公猪每周不超过2次。精液检查记录表见附表。

2.1.7　做好春秋防疫和驱虫工作并做好记录。

2.2　种母猪的饲养管理

2.2.1　种猪档案管理　每周填好本周猪群的变化情况，同时输入计算机，种猪档案卡见附表。

2.2.2　饲喂　种母猪的饲喂要根据其不同的生理阶段和体况进行科学饲喂。后备母猪在配种前1个月做好免疫后转入种猪群，饲喂妊娠前期料，根据体况饲喂量为

1.8～2.5 千克/日头。断奶下床的空怀母猪按其哺乳天数和体况进行短期优饲，可使用高能、高蛋白的哺乳料，饲喂量为 2～2.2 千克/日头，同时，防止乳房炎发生。妊娠前4周的母猪，饲喂妊娠前期料 1.8～2.2 千克/日头，妊娠5～12 周的母猪依膘情，饲料量 2～2.5 千克/日头，避免母猪过瘦或过肥。妊娠 13～16 周的母猪，饲喂哺乳母猪料，喂料量为 3.5～4.0 千克/日头，初产母猪喂料量为 3.0 千克/日头。饲喂时杜绝发霉饲料的使用。

2.2.3 组群 种母猪要按批次分区管理，空怀及后备猪在空怀区，妊娠 1～4 周母猪在妊检区，妊娠 5～12 周母猪在妊娠前期区，13～16 周母猪在妊娠后期区。每周所配母猪为一批，空怀及后备母猪配种前后要依体况及强弱合理组群，避免激烈的咬斗，以减少应激。

2.2.4 配种 后备母猪要根据基础群的补充计划，在计划配种的前42～48 天皮下注射 PG600 或前 49 天开始重新组群运动并用成年公猪诱情，以使在计划的时间体重达 120～140 千克，第二个情期成功配种。断奶下床母猪每天进行诱情，诱导其同期发情和恢复体力。每天要进行 2 次发情检查，对发情母猪依个体特点按选配计划进行适时配种，间隔 10～12 小时复配一次。做好配种记录，配种记录表见附表。

2.2.5 疾病治疗和环境控制 对于各种外伤要早发现早处理，防感染，发现疾病要单独护理，对于无饲养价值的种猪及时淘汰。舍内要消除人为噪声，经常保持安静，能够辨别异常声音和气味，及时清理卫生，保持舍内干净。空气环境质量控制达到符合行业标准（中华人民共和国农业行业标准《畜禽场环境质量标准》NY/T 388-1999）。每隔 2 周进行一次灭蝇，每隔 1 月进行一次灭鼠。

2.2.6 数据分析 每周日要对配种及产仔反馈数据进行整理分析，如有异常及时查找原因，以指导下周工作。

2.2.7 按免疫程序做好各项免疫。

3. 产仔车间的饲养管理

3.1 母猪的饲养管理

3.1.1 产前准备 母猪在产前 4～7 天经冲洗干净消毒后转入分娩舍（上床时禁止鞭打、惊吓等），根据体况和食欲适当控制饲喂量，保证充足饮水，临产前停止喂料，做好接产准备工作。

3.1.2 接产 要有专人接产，母猪出现临产症状后，预热保温箱，准备好接产工具，用1%高锰酸钾水溶液擦洗其阴部、后躯和乳房。接产过程要保持安静，动作准确、快捷。发现难产可肌注催产素，必要时人工助产。等胎衣排除、产程结束后，冲洗消毒母猪阴部，后躯和乳房并擦干净，填好母猪产仔记录和母猪上床记录卡相关内容。及时处理（焚烧）胎衣、死胎、木乃伊。

3.1.3 产后护理 母猪产后要随时观察采食、体温变化，注意有无大出血、产后乳房炎、瘫痪、产后无乳等情况。对人工助产母猪要清洗产道，并且药物消炎。产后 2～5 天逐渐增加喂料，1 周后达最高用量，能吃多少给多少。达到克 =2.5 千克 +0.5x 千克（克为日喂料量千克、x 为母猪所带仔猪数)。断奶前 2 ~3 天，视母猪膘情适当减料，控制饮水。

3.1.4　断奶　每周四完成 3 周（或 4 周）哺乳的同批母猪一次性断奶，将母猪转移至种猪车间空怀区。

3.2　仔猪的管理

3.2.1　初生仔猪的护理

仔猪分娩后接产人员用消毒毛巾擦干其鼻孔、口腔内及身上的黏液，将脐带内的血液挤向仔猪体内，距仔猪腹部 2 ~3 厘米处用手掐断脐带，断头涂上碘酊。放入保温箱中，待被毛干燥后，放出吃初乳，仔猪生后 2 ~3 小时内必须吃到初乳。待产齐后固定乳头，将弱小猪固定在母猪前部的乳头上。

假死猪的救治，对有的仔猪出现假死现象（死亡状，但脐动脉在跳动者为假死）时，可采取如下办法救治：(1）人工呼吸；(2）两手分别握住仔猪的头部和臀部，有节奏的向腹部挤压、屈伸；(3）将仔猪倒提起来，拍打胸侧部；(4）用针或其他尖锐物体刺激鼻部。

仔猪出生后用消毒过的剪牙钳贴仔猪齿根部将犬齿剪掉，同时距尾根 2.5 ~3 厘米处断尾，并用电热板消毒止血。打耳号，白色品种猪可以刺耳，耳号由 6 位数字构成，第一位代表个体出生时的年度，(用当年年度的末位数表示）2 ~4 位代表该窝本年度本场的窝号，5 ~6 位代表窝内个体号。有色品种猪可以剪耳，编号同上。如果同日龄几窝猪窝内均匀度较差时，可以在固定乳头前，打完耳号后，按体重和活力调窝寄养，并做好记录。

仔猪 1 ~3 日龄肌注富铁力补铁，5 日龄开始教水，7 日龄教槽，7 ~10 日龄去势不合格公猪，去势要严格无菌操作。

3.2.2　断奶猪的管理

3.2.2.1　仔猪在 28 日龄，体重达 5.5 千克以上时断奶，在断奶前 2 ~3 天控制舍温每天下降 1℃左右，并加强补料。断奶当天称取断奶窝重和仔猪窝耗料量，断奶后搞好环境卫生，控制舍温保持在断奶时的温度，保持空气清洁，注意勤观察，如有下痢出现及时治疗，治疗要在补充电解质的同时，使用抗菌药物。

3.2.2.2　转群　仔猪在 35（或 42 日龄）时转出到育成舍，在转出时称取转群窝重，断奶——转群窝耗料量，做好相应记录。每隔 2 周进行一次灭蝇，每隔 1 月进行一次灭鼠。

3.2.2.3　数据分析　每周日产仔车间对母猪耗料、仔猪各阶段生长、耗料、发病、死亡等数据进行整理分析，找出成功经验，同时发现问题制定对策，指导下周工作。

3.2.2.4　按免疫程序做好各项免疫。

4. 育成车间的饲养管理

4.1　育成猪在转入前维修好圈舍、栏位、饲料槽、供水系统等设施，对猪舍进行彻底清扫、冲洗、消毒（3% 火碱），并空舍一周，待一切准备就绪，将舍温控制到

22~25度，2日后转入育成猪。转群时最好同窝猪转入同一栏，以减少重新组群应激。饲养密度以每栏7~9头，每头占地0.4平方米为宜，做到自由采食，饲料新鲜，饮水清洁。换料要逐渐过渡，（至少用7天时间过渡）使保持正常的采食量和生长速度。控制环境搞好通风与保温。勤观察，发现异常及时采取措施，并做好各项记录，及时分析数据指导生产。每隔2周进行一次灭蝇，每隔1月进行一次灭鼠。

4.2 按免疫程序做好各项免疫。

5. 育肥车间的饲养管理

5.1 转群 每批猪出栏后，对圈舍、栏位、饲槽、供水系统、用具等进行彻底的维护，并冲洗干净彻底消毒，空舍一周方可转入下一批猪，转入前将舍温控制到20℃左右。转入时，对每头猪进行一次综合评分，分出种用群和育肥群（种用群个体转入时要有个体重），根据体重、活力、品种和性别组群，每栏8~10头，每头平均占栏0.9~1平方米。

5.2 饲喂及日常管理 饲喂做到使其自由采食，饲料新鲜，饮水清洁。更换饲料要逐渐过渡。每批猪转入后，要及时调教，使其养成排便、睡觉、采食、饮水定位的习惯。饲养员要勤观察，了解猪只正常的生理活动特点，发现异常及时处理或上报。搞好卫生，控制舍内环境，冬季做好保温和通风，夏季做好防暑降温，使温度在16~20℃之间，相对湿度60%~75%，空气新鲜。在饲养过程中尽量减少驱赶和重新组群的次数。每隔2周进行一次灭蝇，每隔1月进行一次灭鼠。

5.3 总结 每批猪要在规定的时间内完成出栏，做出饲养总结。

附录4　北京华都种猪繁育有限责任公司疫病防治规章制度

1. 适用范围：

本制度适用于北京华都种猪繁育有限责任公司各级猪场。

2. 术语和定义：

2.1　兽药

兽药指用于预防、治疗和诊断疾病，有目的地调节基本生理机能，并规定作用、用途、用量等的物质（含饲料药物添加剂），包括兽用生物制品、兽用药品（化学药品、中药抗生素、生化药品、放射性药品）。

2.2　抗菌药

能够抑制或杀灭病原菌的药物，其中包括中药材、中成药、化学药品、抗生素及其制剂。

2.3　抗寄生虫药

能够杀灭或驱除体内、体外寄生虫的药物，其中包括中药材、中成药、化学药品、抗生素及其制剂。

2.4　疫苗

由特定细菌、病毒、立克次氏体、螺旋体、支原体等微生物以及寄生虫制成的主动免疫制品。

2.5　消毒防腐药

指用于杀灭环境中的病原微生物，防止疾病发生和传染的药物。

2.6　饲料添加剂

为了预防治疗疾病而掺入载体或稀释剂的兽药的预混物，包括驱虫剂类、抗菌促生长素等。

2.7　休药期

食品动物从停止给药到允许屠宰的时间间隔。

2.8　密闭：指将容器密闭，防止尘土和异物混入。

2.9　密封：指将容器密封，防止风化、吸湿、挥发或异物污染。

2.10　熔封：指将容器熔封或以适宜材料严封，防止空气、水分侵入和细菌污染。

2.11　遮光容器：棕色瓶或黑纸包裹的无色玻璃容器等。

2.12　对温度规定

阴凉处：22℃。

凉暗处：遮光且22℃。

冷　处：2～10℃。

2.13　冷冻：一般指－15℃　通风干燥处：相对湿度在75%以下通风干燥处。

3. 职责

3.1　场长的职责为：规划兽医防疫卫生计划及各段的防疫卫生岗位责任制；淘汰病猪、疑似传染性病猪和隐性感染猪及无饲养价值的猪只；加强职工的消毒防疫意识，并对消毒防疫的效果进行监测。

3.2　兽医的职责为：监督全场兽医防疫制度的执行，负责养猪生产各环节的消毒和消毒效果的监测；掌握本场猪群的疫情动态，做好一般病的防治工作；对全场的防疫工作负责。

4. 管理内容与方法

4.1　疫病防治的基本原则：坚持预防为主、防重于治、防养并举、自繁自养的原则。

4.2　进入场区各类人员必须遵循的预防措施

4.2.1　猪场严禁饲养禽、犬、猫及其他动物，猪场食堂不得外购猪肉及其他偶蹄动物产品；

4.2.2　外来参观者必须经洗手、紫外线消毒、洗澡后，更换场区工作服和工作鞋，并遵守场内一切防疫制度；

4.2.3　场内不准带入可能染疫的畜产品或其他物品，场内兽医人员不准对外诊疗猪及其他动物的疾病，猪场配种人员不准对外开展猪的配种工作；

4.2.4　饲养人员严禁相互串栋，各栋工具不准相互借用或带出生产区；

4.2.5　生产人员进入生产区时，应洗手、紫外线消毒、洗澡后更换场区工作服和工作鞋方可入场；

4.2.6　各栋人员进入栋舍时必须踏入消毒脚池消毒后方可入内；

4.2.7　猪场员工家里不得饲养猪、牛、羊等家畜且不得经营猪、牛、羊等家畜的畜产品；

4.2.8　外来车辆严禁进入场区。

4.3　消毒免疫的方法和要求

4.3.1　消毒防腐药物的选择

选择对人畜安全、无残留、不损害设备、不在猪体内产生有害积累的消毒剂，且符合NY5030的规定。

4.3.2　消毒方法

4.3.2.1　喷雾消毒：用一定浓度的消毒液，通过高压消毒机进行喷雾。主要用于空舍的喷洒消毒、带猪消毒、猪场三区的环境消毒、上床母猪的体表消毒、入场区车辆的车身消毒等。

4.3.2.2　浸液消毒：用一定浓度的新洁尔灭或煤酚水溶液进行洗手，洗工作服，工作鞋。

4.3.2.3　熏蒸消毒：每立方米用福尔马林 42 毫升，高锰酸钾粉 21 克，温度 >20℃，相对湿度 >70%，封闭熏蒸 10 小时以上，主要用于熏蒸工作服、工作鞋、入场的饲料及其他物品。

4.3.2.4　紫外线消毒：消毒室、更衣室用紫外线灯照射 5 ~10 分钟可起到杀菌作用。

4.3.3　消毒要求

4.3.3.1　消毒药的配制要保证有效浓度，按要求进行配制；

4.3.3.2　消毒药液要现用现配；

4.3.3.3　消毒时要彻底，不留死角；对于空舍，必须冲洗干净后再消毒；

4.3.3.4　消毒密度为：带猪消毒（500 毫升/平方米），空舍消毒（ 1 000毫升/平方米）；

4.3.3.5　消毒时要注意人畜安全。

4.3.4　具体消毒程序见附表。

4.3.5　猪群的免疫：

各段防疫人员依据免疫程序和生产工艺确定防疫的具体时间、待免猪群头数、疫苗数量。并做好疫苗的领取记录和防疫记录且定期存档。见附表。

4.3.6　疫苗的使用方法和要求：

4.3.6.1　疫苗接种：良好的疫苗科学合理的免疫程序，操作质量是决定免疫力的关键。

防疫时严格按疫苗要求的方法稀释，稀释后的疫苗按规定的方法暂存，在规定的时间内使用；保证免疫剂量和免疫密度。使用活菌苗在规定的时间内不使用抗菌药物。肌内注射的疫苗，注射器械、注射部位应严格消毒，一猪一针谨慎操作，禁止打飞针和一针打遍天下的粗放做法，同时必须注意不同的猪群应选择不同型号的针头。

4.3.6.2　瓶上必须有完整的标签，并有厂家、批号、生产日期、有效期、使用方法、稀释倍数。瓶盖是否松动，瓶身是否有破损、疫苗是否变质、发酶、是否有异物、是否过期，应及时报废不合格的疫苗。

4.3.6.3　冻干疫苗需要在低温冷冻的条件下储存和运输，并且避免忽冷忽热或阳光直射，否则会造成部分抗原失活；使用时需认真检查疫苗的真空度，失真空的疫苗质量肯定会受影响。

4.3.6.4　灭活苗一般在 2 ~8℃的条件下储存，切忌冻结以防破乳。使用前充分摇匀，油剂苗不应出现破乳，油水相分离的疫苗应废弃。否则可能会由于抗原量的不均导致免疫失败。

4.3.6.5　用过的疫苗瓶、废弃苗统一收集焚烧处理，不许随便丢去。

4.4　兽药使用的原则及其管理要求

4.4.1　兽药使用的基本要求

4.4.1.1　首要依据

预防、治疗、诊断疾病所用的兽药必须符合相关法律法规的要求。

4.4.1.2　兽药来源

必须有《兽药生产许可证》和产品的批准文号的生产企业；有《进口兽药许可证》的供应商。

4.4.1.3　标鉴

兽药的标鉴应符合《兽药管理条例》。

4.4.1.4　猪场由兽医统一管理兽药并作兽药购入计划。

4.4.2　兽药使用应遵循的原则

4.4.2.1　对饲养环境、厩舍和用具进行消毒的消毒防腐剂应符合 NY/T5033 的规定。

4.4.2.2　用于免疫接种的疫苗应符合“兽用生物制品质量标准”和 NY5031 的规定。

4.4.2.3　可以在临床兽医的指导下使用钙、磷、硒、钾等补充药、微生态制剂、酸碱平衡剂、体液补充剂、电解质补充药、营养药、血容量补充药、抗贫血药、维生素类药、吸附药、泻药、润滑剂、酸化剂、局部止血药、收敛药、助消化药。

4.4.2.4　慎用经农业部批准的拟肾上腺素药、平喘药、抗胆碱药、拟胆碱药、肾上腺皮质激素类药、解热镇痛药。

4.4.2.5　禁止使用麻醉药镇痛药、镇静药、中枢兴奋药、化学保定药、骨骼肌松弛药。

4.4.2.6　可以选择使用“无公害食品生猪饲养允许使用的抗寄生虫药和抗菌药及使用规定”中的抗寄生虫药和抗菌药。(但在使用时严格遵守用法、用量和休药期。未规定休药期的药物，其休药期以多于28天为宜)。

4.4.2.7　禁止使用未经国家畜牧兽医行政管理部门批准的用基因工程方法生产的兽药。

4.4.2.8　禁止使用未经农业部批准或已经淘汰的兽药。

4.4.2.9　禁止选择使用过期或接近有效期的兽药。

4.4.3　兽药的管理

猪场必需在兽医的指导下用药，并且建立档案。

4.4.3.1　一般药品应按兽药典或兽药规范中“贮藏”规定的条件因地制宜地贮藏与保管。

4.4.3.2　猪场的药房由专人管理，应根据药物的性质、剂型采取“分区管理”货类编号的方法妥善保管，并且根据药物的有效期有针对性地调整同种药物的存放顺序，“先进先出”、“近期先出”。疫苗在存放时密切注意其存放温度是否与标签相符。

4.4.3.3　药房兽药购入时有入库记录，使用时有领取记录，并且定期盘点，保证账目与药品相符合。见附表。

4.5　疫病的诊断、治疗及疫情报告制度

4.5.1 兽医每日巡视全场猪群，了解猪群健康状况，做到早发现，早治疗，防患于未然；

4.5.2 饲养员认真执行饲养管理制度，细致观察饲料有无变质，注意观察猪采食和精神健康状况，排粪有无异常等，发现不正常现象，及时向兽医报告，在兽医指导下对病猪进行隔离、诊断和治疗，对于无治疗价值的猪进行淘汰，对病死猪进行剖检并做无害化处理，同时做好详细记录；

4.5.3 猪场发生传染病时或疑似传染病时，应采取以下措施

4.5.3.1 兽医应及时进行诊断，调查疫源，向公司主观部门报告疫情，根据疫病种类做好封锁、隔离、消毒、紧急防疫、治疗和淘汰等工作，做到早发现，早确诊，早处理，把疫情控制在最小范围内；

4.5.3.2 发生人畜共患病时，须同时报告当地卫生部门，共同采取扑灭措施；

4.5.3.3 在最后一头病猪死亡淘汰或痊愈后，须经过该传染病最长潜伏期的观察，不再出现新病例时，并经严格消毒后，方可撤消或申请解除封锁。封锁期间严禁出售、加工染疫病死和检疫不合格的猪只及产品，染疫病死的猪只及其排泄物、污染场区等按国家防疫规定的办法处理；

4.5.3.4 对于知情不报或瞒报、慌报者要依法追究其责任。

4.6 防治疾病记录要求：

4.6.1 饲养员发现病猪应立即隔离，同时报告兽医进行诊断，之后填写病历记录；

4.6.2 在兽医指导下用药，同时填好用药记录；

4.6.3 对于病死猪由兽医进行解剖，并填好剖检记录；

4.6.4 以上各种记录必须由兽医进行填写，填写时字迹要工整；

4.6.5 以上各种记录必须保存2年以上，以备查询；

4.6.6 用药记录和剖检记录。

附录5 华都集团防控重大疫情（如口蹄疫等）应急预案

为及时有效地预防、控制和扑灭猪场重大疫病，确保公司经济持续、稳定健康的发展，特制定本预案。

一、疫情的预防、监控

（一）预防免疫：按公司制定的免疫程序对猪群进行接种免疫，保证免疫密度达到100%。

1. 免疫接种疫苗种类：严格执行公司制定的免疫程序对猪只进行疫苗接种。

2. 免疫操作规程：为确保免疫接种质量，各场所用疫苗统一由公司生产部采购，要求采购人员必须从正规渠道采购，并严格按要求条件进行运输与保存；在使用前严格检查冻干苗的真空度、油苗有无破乳、疫苗有效期等，接种所用针头大小长度适宜，一般成年猪用16号（或以上）×35毫米（或以上）、育成猪用12号针头、乳猪用9号。所有器械必须经严格消毒；疫苗接种前要充分摇匀，每次吸苗前再充分摇匀；接种时按疫苗的使用说明结合免疫程序的规定进行；免疫操作中要求做到：头头注射，个个免疫，一猪一针，禁打飞针。疫苗应防晒、防高温、稀释后1～2小时之内用完；并做好疫苗领取与免疫记录；废弃的疫苗瓶、药盒、棉球、针头集中焚烧处理和消毒。

（二）抗体监测：主要做两个方面的内容即免疫效果监测和协助疾病诊断监测。在流行病、季节病高发期，为了加大疫情监测力度，由每季度检测一次改为不定期抽测，若周围存在疫情或疑似感染，根据实际情况由公司生产部随时抽测，并及时制订相应防范措施。

（三）消毒：

1. 严格按照公司制定的消毒程序进行带猪和环境消毒。

2. 消毒时必须采用喷雾方式进行消毒，消毒必须到位不留任何死角。

3. 环境消毒主要用2%～4%的火碱，带猪消毒主要用0.3%～0.5%过养乙酸及0.05%消毒威等隔周交替使用。

4. 消毒时必须保证消毒药的有效浓度。

5. 对死亡猪只、胎衣及生产的所有废弃物立即进行焚烧处理。

6. 各猪场负责人必须做好监督和协调工作。

注意事项：以上消毒必须有消毒记录（包括消毒药物名称、浓度、有效期、喷洒密度、喷洒范围、操作人员等）且有兽医防疫员签字，兽医防疫员可以根据天气情况做出适当调整并注明调整理由。

（四）日常封闭隔离：

严格执行封闭隔离制度，公司全年执行半封闭管理，全封闭管理由公司生产部提出意见报公司总经理签发、批准后实施，各场要严格控制人流、物流车流。

1. 半封闭管理期间：非本场人员进入生产区必须有公司生产部的批条；

2. 全封闭管理期间：非本场人员进入生产区必须持经公司总经理签批的批条；

以上情况进入生产区的非本场员工必须进行登记关将批条备案，并执行规定的消毒程序后方可入场。

本场员工休假返回以及新员工入场必需在生活、管理区隔离 2 天以上并经洗澡、更衣后方可进入生产区；带入生产区的所有物品必须经过熏蒸消毒。

饲料、兽药、低值等物品在到场当天用福尔马林、高锰酸钾以 36 毫升：18 克/立方米进行熏蒸消毒；其他不能熏蒸的必须经过紫外线照射 10～15 分钟后方可入场。

（五）宣传教育：公司各场、各部门要充分利用定期培训时间，对全体员工进行防疫工作重要性的教育，并认真对员工进行消毒、防疫基本操作的培训，切实将："人人重视、时时警惕，防治结合、防重于治，防疫效益、落实第一"的原则深植于每一名员工的心中，确保本公司的兽医防疫工作万无一失。

（六）督促检查：公司防疫领导小组负责本公司防疫、消毒制度的制订，公司生产部是公司兽医防疫工作的直接管理机构，负责对本公司防疫消毒制度与封闭管理措施落实情况、实施情况的监督检查工作，生产部有权对防疫消毒工作中存在的问题及时给予纠正，有权对相关责任人做出批评、处罚，有权立即采取补救措施。

二、发生疫情时采取的措施

针对目前养猪行业疫情流行趋势和集团公司重大疫情应急预案的要求，按集团公司的疫情分级要求，将疫情分为"绿"、"蓝"、"黄"、"橙"、"红"五个警级，根据疫情启动相应级别应急预案，采取有效措施，扑灭疫情，五个级别的级别定义如下：

"绿"：距北京 1 000千米以内地区发生重大疫情；

"蓝"：距北京 500 千米以内地区发生重大疫情；

"黄"：北京周边省市（如山东、河北、天津等地）发生重大疫情；

"橙"：公司所属养殖场 3 千米以内及北京地区发生重大疫情；

"红"：所属养殖场发生重大疫病疑似病例。

（一）"绿色警级"预案：当距北京 1 000千米以内地区发生重大疫情时，对公司所属各养殖场采取半封闭式管理，严禁外单位车辆入内，对必须进入的车辆实施严格的消毒措施；限制人员往来，必须进入场区的人员应经公司生产部批准，并执行严格的消毒程序，方可入场。场区采取严格的卫生防疫措施，彻底清理卫生死角，严格实施公司制定的常规消毒措施，对各生长阶段的猪群实施定期抗体监测，确保抗体水平在临界保护线以上，禁止饲料生产人员、饲料运输人员进入生产区。

（二）"蓝色警级"预案：当距北京 500 千米以内地区发生重大疫情时，除执行

“绿色警级”的一切措施外，应对公司所有养殖场实施全封闭管理，严格禁止外单位车辆、人员入内，对猪群进行抗体普查，根据抗体普查情况进行补免，禁止饲料生产人员进入养殖场生产区。必要时针对疫情对猪群进行疫苗补充免疫。

（三）“黄色警级”预案：当北京周边省市（山东、河北、天津等地区）发生重大疫情时，对公司所有养殖场、饲料厂实施全封闭管理，严格控制人流物流。对猪群实施临时抗体监测，确保猪群抗体水平在临界保护线以上，各场生活区每天消毒一次，生产区每天消毒一次，禁止一切车辆和人员入内，场内人员禁止串栋。

（四）“橙色警级”预案：当公司所属养殖场3千米以内及北京地区发生重大疫情时，除执行“黄色警级”所有措施外，应采取以下措施：

1. 及时向公司董事会、上级单位报告，按统一要求和布署采取措施；

2. 严格控制各养殖场、饲料厂相关人员和猪只、产品的流动，切断传染源；

3. 对养殖场、饲料厂及其四周实施严格的消毒措施；

4. 对不明死亡原因的猪只实施彻底的无害化处理。

（五）“红色警级”预案：当所属养殖场发生疑似病例时，采取以下措施：

1. 立即上报告公司，如条件允许立即采集病料送兽医检验部门检验、诊断；除全场封闭外并对场内生产人员实施封栋管理，控制疫情传播。

2. 确定为疑似病例后，立即对养殖场实行紧急隔离、封锁（饲养员封栋管理）、控制并采取严格的消毒措施，每天进行三次消毒，严格限制该场相关人员和猪只产品的流动。

3. 对全群猪只分阶段进行疫苗紧急预防接种。

4. 疫情确诊后，立即把健康猪和有症状的猪进行分群隔离饲养，并对症状明显的猪只着专人立即进行无害化处理。

5. 各栋猪舍饲养员工每天至少三次（早、中、晚）对猪群进行巡视，发现病猪立即进行合理的处理。

6. 每天至少对猪群进行三次消毒，环境进行一次消毒，环境消毒用3%～4%的火碱，带猪消毒用0.3%～0.5%过养乙酸及0.2%消毒威等隔周交替使用。

7. 对猪群加强饲养管理，保证猪舍干燥、清洁卫生、温度适中、通风良好；提高猪群抵抗力，减少继发感染。

8. 在疫情期间猪场任何员工不得休假，避免疫情扩散，影响其他猪场的安全生产。

9. 当疫情得到控制后，没有新发病例20天后，猪场才能解除封栋隔离，但不能解除封场管理，当没有新发病例40天后，才能解除封场管理。

10. 在疫情期间，必须加强各段猪群的饲养管理，减少死亡，降低损失。

三、疫情报告

公司所有猪场发生重大疫情后的报告程序按以下规定实施：

1. 所属猪场每日对猪群生产状况进行观察（精神状态、采食、粪便等）并对水、料的质量进行检查，如发生异常变化，立即上报公司防疫领导小组；

2. 各猪场发生重大疫情时，立即报告公司生产部、公司分管领导，不得隐瞒；

3. 公司生产部、分管领导应立即报告公司总经理，并对情况进行调查、分析采取相应警级的应急预案。

四、防疫领导小组组织机构

1. 公司总经理是公司动物疫病防治工作、安全工作的第一责任人，主管生产的副经理和公司生产部是动物疫病防治工作的直接组织者与实施机构，负责组织、协调公司疫病防治、控制和扑灭工作，并负责收集、分析疫情发展动态，及时提出启动、停止应急预案的建议。

2. 应急系统和分工：

公司重大动物疫情领导小组是公司防治重大动物疫病的决策指挥机构，负责领导公司重大动物疫情的全面工作，根据疫情预测和变化情况，研究和决定重大事项和重要决策。

总经理负责全面组织协调工作，下设疫病防治组、后勤保障组、综合协调组；

疫病防治组：

职责为：

A. 负责保障正常生产经营；

B. 建立疫情监测计划，对重大动物疫情进行分析，做出预警报告，提出具体措施；

C. 统一组织开展疫情监测、免疫、消毒、疫病诊断等工作，提出疫情控制的技术方案，监督各场的防疫、消毒工作。

后勤保障组：

职责为：

A. 保障防疫措施实施所需资金、物资的落实；

B. 建立重大动物疫情应急控制物资贮备制度并组织实施；

C. 按标准贮备疫苗、消毒药品和器具等防疫物资。

综合协调组：

职责为：

A. 负责通讯、疫情信息上报和疫情防治宣传工作；

B. 负责公司各部门间的协调；

C. 负责加强与有关部门的联系与信息沟通。

附录6　西南地区规模化养殖场口蹄疫综合防控技术规范

为了规范西南地区牲畜规模养殖行为，防止口蹄疫的发生和蔓延，保证动物产品的质量和人民群众的身体健康与公共卫生安全，促进动物规模养殖可持续发展，根据《中华人民共和国动物防疫法》等有关法律、法规和规定，特定本规范。

1. 范围

本规范规定了牲畜口蹄疫疫苗免疫、免疫水平监测、环境监测、环境控制、实际控制状况、风险评估和防控水平与经济和社会效益评估等操作规程及保障措施。适用于西南地区（包括四川、重庆、云南、贵州、西藏）行政区域内所有从事动物规模养殖的单位和个人。本规范不适用于牧区个人放牧动物和农民家庭散养牲畜。

2. 规范性引用文件

下列文件中的条款通过本规范的引用而成为本规范的条款，凡是注日期的引用文件，其随后所有的修改单（不包括勘误的内容）或修订版均不适用于本规范，然而，鼓励根据本规范达成协议的各方研究可以使用这些文件的最新版本。凡是不注明日期的引用文件，其最新版本适用于本规范。

GB/T18635—2002 动物防疫基本术语

GB/T18935—2003 口蹄疫诊断技术

GB16548—1996 畜禽病害肉尸及其产品无害化处理规程

GB16567—1996 种畜禽调运检疫技术规范

NY/SY150—2002 口蹄疫诊断技术规程

GB/T18596—2001 畜禽养殖业污染物排放规范

HJ/T81—2001 畜禽养殖业污染防治技术规范

NY 5027—2001 无公害食品 畜禽饮用水水质

《中华人民共和国动物防疫法》

《重大动物疫情应急条例》

《兽药管理条例》

《动物免疫标识管理办法》（2002 年农业部 13 号令）

《口蹄疫防治技术规范》（农业部农牧发［2007］12 号）

《动物检疫管理办法》

《动物防疫监督检查站口蹄疫疫情认定和处置办法》

3. 术语和定义

下列术语和定义适用于本规范。

口蹄疫：由小核糖核酸病毒科口疮病毒属中的口蹄疫病毒引起的哺乳动物的一种高度接触性传染病。世界动物卫生组织（OIE）将其列为A类动物疫病，我国将其列为一类动物疫病。

无害化处理：用物理、化学或生物学等方法处理带有或疑似带有病原体的动物尸体、动物产品或其他物品，达到消灭传染源、切断传播途径、阻止病原扩散的目的。

消毒：用物理、化学或生物学的方法杀灭病原体及其环境中的病原体，其目的是预防和防止疫病的传播和蔓延。

疫点：为发病动物所在的地点。相对独立的规模化养殖场/户，以发病动物所在的养殖场/户为疫点；散养动物以发病动物所在的自然村为疫点；放牧动物以发病动物所在的牧场及其活动场地为疫点；发病动物在运输过程中发生疫情，以运载发病动物的车、船、飞机等为疫点；在市场发生疫情，以发病动物所在市场为疫点；在屠宰加工过程中发生疫情，以屠宰加工厂（场）为疫点。

疫区：以疫点为中心，半径3公里内的区域。

受威胁区：由疫区边缘向外延伸10公里的区域。

疫情监测：对某种疫病的发生、流行、分布及相关因素进行系统的长时间观察与检测，以把握该疫病的发生情况和发展趋势。

岗哨动物：在某地专门设立的易感动物群，通过临床观察和实验室检测来证实该地是否存在所监测的病原。

牲畜：是指在人工饲养条件下，以经济利用为目的的猪、牛、羊等偶蹄动物。

规模养殖场：是指猪年存栏500头以上，牛年存栏100头以上，羊年存栏1 000只以上的养殖场。

风险：对动物与人的健康、公共卫生或经济产生有害事件（如爆发疾病）的概率及有害事件的程度。

风险评估：是指在特定条件下，对动物和人类或环境暴露于某危害因素产生或将产生不良效应的可能性和严重性的科学评价。风险评估包括危害识别、暴露评估和风险描述。

4. 疫苗免疫及免疫水平监测

4.1　疫苗免疫

4.1.1　疫苗在运输、贮藏过程中，必须按疫苗保存要求进行运输、贮藏。疫苗的运输和保存应有完善的管理制度。疫苗的入库和发放必须做好详细的记录、记载。

4.1.2　所有的牲畜实行强制免疫，免疫密度必须达到100%。

4.1.3　免疫后的动物应佩戴免疫标识，记录免疫档案并录入动物疫病可追溯系统。

4.1.4　免疫档案须填写畜主姓名、畜种、日龄，疫苗名称、生产厂家、来源、批号，免疫剂量、时间、耳标编号，防疫员签名、畜主签名等内容。

4.1.5　免疫用疫苗由县级动物疫病预防控制机构组织供应。

4.1.6　免疫用具在免疫前后应彻底消毒，剩余或废弃的疫苗以及使用过的疫苗瓶要无害化处理。

4.2 免疫水平监测

4.2.1 免疫接种后，应按计划进行免疫抗体监测，按照 GB/T18935—2003 和 NY/SY150—2002 进行判定抗体滴度合格情况。

4.2.2 规模养殖场应按国家计划强制免疫，并按照本场制定的免疫程序的要求，正确、科学使用疫苗进行免疫。

4.2.3 规模养殖场应当配合县级以上动物疫病预防控制机构实施免疫效果监测，并根据群体免疫水平及时加强免疫。

4.2.4 对监测结果进行及时的分析和处理，并将结果汇总和归档。

5. 环境监测

5.1 水

5.1.1 规模养殖场饮水应采用城市自来水或采用无污染的洁净井水、堰塘水。

5.1.2 对使用井水的应定期进行监测并达到 NY5027—2001 标准才能使用。

5.1.3 规模养殖场应建立污水处理系统，每年应至少两次定期向当地环境保护行政主管部门报告污水处理设施和粪便处理设施的运行情况。

5.1.4 对粪便、污水处理设施的水质应定期进行监测，确保达标排放。

5.1.5 排污口应设置国家环境保护部统一规定的排污口标志。

5.2 废气和粪便

5.2.1 合理规划粪便污物的排放下水系统，以减少废气和污物对环境的污染。

5.2.2 建立专门的粪便无害化处理池，采用生物发酵等方法减少污染。

5.2.3 定期提交排放污水、废气、恶臭以及粪肥的无害化指标的监测报告。

6. 环境控制

6.1 规模养殖场的选址及建设

6.1.1 选址要求场址用地应符合当地城镇发展规划和土地利用规划的要求。拟建或扩建养殖场场主应当向兽医主管部门和市政主管部门提出申请，由主管部门根据规模养殖场建设规模和养殖场周围的环境状况，确定最少间隔距离，新建或扩建的规模养殖场应符合最少间隔距离。

6.1.2 规模养殖场还必须制定相关管理计划。主要包括规模养殖场对粪便的贮存、使用所采取措施的计划。肥料贮存池的建设应符合环境管理技术规范要求，必须有充足的土地对产生的粪便在规定的面积范围内消化，如果本场没有充足的土地消化产生的粪便，必须与其他农场签定使用粪便合同，以确保产生的粪便能得到全部使用。

6.1.3 选址应符合 HJ/T 81—2001 的禁止建设畜禽养殖场区域的要求。

6.1.4 规模养殖场应建在地势高燥、通风良好、排水便利，充分利用西南丘陵、山区自然屏障特点，易于组织防疫的地方。场址与周围居民建筑必须符合最小间隔距离，远离交通要道、公共场所、城镇等，最小间隔距离与养殖场养殖类型、养殖规模、人口密度和环境功能等有关。猪场周边 1 000米范围内无居民集居点、学校、企业和畜禽养殖场。同时场址应距离医院、畜产品加工厂、垃圾及污水处理场2 000米以上，规模场周围应建围墙或其他有效屏障。

6.1.5　新建、改建和扩建规模猪场应符合当地环境承载量的要求，必须进行环境影响评价，并经审批后方可实施。

6.2　布局与结构

6.2.1　规模养殖场应按功能分三区式布局：生产区、生产配套区（饲料车间、仓库、兽医室、更衣室等）、生活管理区，三区之间设缓冲隔离带。养殖圈舍和生活区必须保持规定距离且根据当地全年风向玫瑰图进行合理修建。

6.2.2　生产区按三点式布局：繁育、保育、育肥。生产区内净道和污道分开，互不交叉。

6.2.3　圈舍排列顺序依次为配种舍，怀孕舍、分娩舍，保育舍，生长舍、育肥（或育成）舍、隔离舍和装运台，从上风向向下风向排列。

6.2.4　规模养殖场出入口设值班室，人员更衣消毒室，车辆消毒通道。

6.3　污染物处理及排放

6.3.1　粪便贮存场址必须符合地下水埋深、洪水发生可能、土壤渗透性等规定要求；

6.3.2　规模养殖场必须有粪和污水分离的设施，要雨污分离，并配套相应的粪污染物和污水处理设施，污染物防治按HJ/T 81的要求执行。

6.3.3　粪便应及时、单独清出，并及时运至专用的贮存或处理场所，经过生物发酵后，可作为有机肥料。

6.3.4　养殖过程中产生的污水应坚持种养结合的原则，经无害化处理后尽量还田或者循环利用，实现污水资源化利用。污水的净化处理应根据养殖方式、养殖业规模、清污方式和当地的自然地理条件，选择合理、适用的污水净化处理工艺和技术路线，尽可能采用自然生物处理的方法，达到回用要求或排放规范。

6.3.5　采用沼气发酵污水处理工艺的场，应固液分离，减少排污量。并对沼渣、沼液应尽可能实现综合利用，避免产生新的污染，沼渣及时清运至粪便贮存场所处理；沼液尽可能进行还田利用，不能还田利用需外排的要进行进一步净化处理，达标排放。

6.3.6　采用堆肥发酵处，堆肥场必须建防渗层，地面正常是水泥结构，也可用黏土层作为防渗层；发酵的填料可用锯末、树叶、碎木片、秸秆等。定期翻动，并不断通气和控制水分含量，整个发酵过程约需2~3个月。

6.3.7　污染物排放应严格按GB/T 18596规范和省、市地方规范执行。

6.4　档案管理

6.4.1　规模养殖场应建立较完善的岗位责任制度、生产管理制度、防疫制度、消毒制度、档案管理制度、疫情报告制度的档案管理。

6.4.2　应建立完善的生产、饲料和添加剂、用药及疫苗和防疫等管理的档案记录。

6.5　人员管理

6.5.1 规模养殖场工作人员应每年进行健康检查，取得健康合格证方可上岗。

6.5.2 规模养殖场应配备与其饲养规模相适应的执业兽医。执业兽医应当按照国家有关执业兽医的规定，持证上岗。同时应明确1名兽医主管，全权负责整个场的动物防疫工作。

6.5.3 场内执业兽医和负责配种的人员不得对外从事动物诊疗和配种等业务。

7. 实际控制状况与风险评估

7.1 实际控制状况

7.1.1 各级动物疾病预防控制机构应具有完善的兽医监督和服务体系，依据科学手段监测和掌握疫病流行动态和发展，对疫病的爆发和流行能做出准确及时响应。

7.1.2 规模养殖场所在地动物疫病预防控制中心应加强行政区域间的协调和配合，发生疫情后应及时设立监测区、无病区、缓冲区和污染区，并进行动物疫病预防、控制和扑灭的技术工作。

7.1.3 动物疫病预防控制中心应加强对规模养殖场流行病学调查和实验室检测。

7.2 风险评估

主要对引进偶蹄动物和其他动物的风险评估。

7.2.1 从其他县、市或省引进偶蹄动物等其他动物，落地动物疫病预防控制中心应查验原产地的动物流行病学调查和监测情况，对潜在动物疫病风险进行科学评估，从初步的估计汇总决定是否引种。

7.2.2 严禁从发生动物疫情的地方引进偶蹄动物、皮张和内脏等未加工的产品。

7.2.3 牲畜运输到目的地后，在当地动物疫病预防控制机构及时进行入场检疫，并根据情况设置岗哨动物等。

7.2.4 对引进动物，当地动物疫病预防控制中心应当进行严格的实验室检测。

7.2.5 按规定及时进行免疫接种。

7.2.6 达到规定的隔离期，并经监测合格，无口蹄疫的牲畜才能进行混群饲养。

8. 防控水平与经济效益评估

8.1 防控水平

8.1.1 规模养殖场所在地兽医行政部门应当贮备一定的动物疫病防控应急物资，包括疫苗、药品、设备设施、防护用品等。

8.1.2 各地兽医行政部门应当加强动物疫病防控技术保障，定期开展人员、技术、方法的培训等。

8.2 经济效益评估

8.2.1 尽可能减少因发生牲畜口蹄疫扑杀动物带来的重大经济损失。

8.2.2 合理注射疫苗，减少疫苗浪费。

8.2.3 加强和提高饲养管理水平，定期进行效益分析及风险评估，合理规避风险，提高养殖效益。

附录7　南京奶业集团淳化牧场奶牛卫生保健技术规范

1. 范围

本规范根据良好农业规范要求规定了奶牛场防疫及奶牛保健的技术要求和卫生质量指标。

本规范适合淳化牧场。

2. 术语和定义

下列术语和定义适用于本规范。

防疫

是指为了不让动物疫病或人畜共患的传染病传染进一个健康而尚未受感染的畜群或人群，所采取的各种有效措施。通常包括隔离、消毒、免疫、预防性治疗以及环境保护等。

检疫

对动植物（包括生物制品）是否携带特定病原微生物（疫病因子），是否患有疫病，是否携带病原微生物（疫病因子）进行检查。

免疫

使机体对特定病原微生物感染有抵抗能力，而不感染或不易感染某种疫病或传染病。

消毒

利用物理或化学方法杀灭或清除病原微生物，使之减少到不能再引起发病的一种手段。

化制

对不适合于常规使用的畜产品进行无害化处理和再利用的一项兽医公共卫生措施。

普通病

由于动物机体的组织、器官在构造或生理上起了变化、营养失调、中毒、损伤或其他外界因素如温度、气压、光线等原因所致的疾病。

传染病

传染病的发生由病原微生物、传播途径和易感动物三个环节组成，缺一不可。牛的传染病主要有：口蹄疫、牛流行热、牛传染性鼻气管炎、蓝舌病、牛病毒性腹泻—黏膜病、布氏杆菌病、结核、炭疽、牛肺疫等。

一类疫病

根据中华人民共和国动物防疫法，将畜禽疫病分为三类，一类疫病是指对人畜危害严重，需要采取紧急严厉的强制预防、控制、扑灭措施的疫病。国家有关部门公布的与奶牛有关的一类疾病有：口蹄疫、蓝舌病、牛瘟、牛肺疫。

隔离

将感染牛、疑似感染或携带病原微生物的牛只与健康牛群分隔，单独饲喂处理。

牛四大疾病

是指乳房炎、蹄病、代谢病、繁殖疾病。

乳房炎

一种以乳腺组织发生各种不同类型炎症为特征的疾病。

蹄病

是指奶牛蹄部的病理变化，包括蹄病和蹄变形。蹄变形指蹄的形状发生改变，而不同于正常牛蹄的形状；蹄病指蹄已经发生了病理变化，临床表现出红、肿、热、疼和功能障碍。

代谢病

包括新陈代谢疾病和营养代谢疾病。由于日粮结构失调或饲养管理不当，引起营养失调，导致代谢机能障碍所致的疾病。常见的代谢病有：产乳热、酮病、瘤胃酸中毒等。

繁殖疾病

奶牛繁殖疾病主要指由于生殖器官疾患而使奶牛不育、不孕或妊娠中断等的一类疾病。

真胃移位

真胃移位是指真胃由正常位置移到瘤胃和网胃的左侧与左肋弓之间。向前可扩张到网胃和隔肌；向后可扩张到最后肋骨或进入左侧腰旁窝。其临床性特征是慢性消化机能紊乱。

健康牛群标准

未发生国家公布的一类疫病。结核、布核没有阳性检出。

3. 卫生防疫

3.1　防疫总则

奶牛场应贯彻以防为主，防治结合的方针。

奶牛场日常防疫的目的是防止疾病的传入或发生，控制传染病和寄生虫病的传播。

3.2　防疫要求

奶牛场所有出入口应设立消毒池，长×宽×深≥6 米×3 米×0.3 米。池内保持有效的消毒液量及浓度，一般用 2% 的火碱。门口应配备高压喷雾器，对进场车辆进行消毒。

建立出入登记制度，非生产人员不得进入生产区。

生产区设立消毒更衣室，更衣室应清洁、无尘埃，具有紫外线灯及衣物消毒设施。职工进入生产区，应穿戴工作服穿过消毒间，洗手消毒方可入场。

运动场无积水、积粪、硬物及尖锐物。饮水池保持清洁无沉积物。排水沟保持畅通无杂物，定期清除杂草。

定点堆放牛粪，奶牛场设专门供粪车等污染车辆通行的道路。

奶牛场员工每年应进行一次健康检查，如患传染性疾病应及时在场外治疗，痊愈后方可上岗。新招员工应经健康检查，需确定无结核病与其他传染病。

奶牛场员工家中不得饲养偶蹄动物，不得互串车间，各车间生产工具不得互用。在奶牛场不得饲养其他种类的畜禽，禁止将畜禽或其产品带入生产场区。

死亡牛只应作无害化处理，尸体接触过的器具及其所处的环境做好清洁消毒工作。

淘汰及出售牛只时，运牛车辆经过严格消毒后方可进入指定区域装牛。

奶牛发生疑似传染病或附近牧场出现烈性传染病时，应立即采取隔离封锁及其他应急措施。

4. 日常消毒

4.1　常用消毒液

名称	浓度	适用范围
生石灰	1∶200	牛舍内消毒
火碱	2%～3%	牛舍外环境、门口消毒池
Delaval 乳头药浴液	1∶10	乳头药浴消毒
硫酸铜	5%	蹄浴液

注：以上消毒液由奶牛科技服务中心提供。

4.2　环境消毒

奶牛场每月进行一次全场大消毒；运动场、牛舍、挤奶厅、饮水器、采食槽每周消毒一次。

5. 免疫要求

疫苗应按规定保存，注射时如遇瓶盖松动、破裂、瓶内有异物或凝块应弃用。

免疫时做好详细记录。

免疫时应详细记录疫苗生产厂家、批号、操作人员等；

注射所用的针头、针管等器具应事先进行消毒。注射部位经剪毛消毒后注射疫苗，严禁“飞针”方式注射，注射时针头逐头更换，禁止一个注射器供两种疫苗使用。

注射量严格按照疫苗说明进行。

注射疫苗时，应备足肾上腺素等抗过敏药；凡患病、瘦弱及临产牛（产前10～15天）缓注疫苗，待病牛康复、体况恢复及产后再按规定补注。

疫苗包装容器使用后应焚烧深埋。

6. 检疫

6.1　结核检疫

奶牛场要配合检疫部门安排好每年春秋两次全群牛的结核检疫。

结核检疫出现的阳性牛只，应在3天内扑杀。初次检疫可疑的牛只，应隔离饲养，30天后复检；两次检疫均可疑的按阳性处理。对阳性牛所在牛舍增加消毒频率，暂停牛只调动。该群牛每隔30天复检一次，连续二次不出现阳性反应牛为止。

6.2　布病检疫

牛场应配合检疫部门进行每年春秋两次检疫，凡三月龄以上的牛均需采血检疫。

采血针头和部位应严格消毒，一牛一针，严禁一针多牛。

其他疫病检疫按上级防疫主管部门安排进行。

7. 几种奶牛常见病的预防

7.1　乳房保健

创造干净、干燥、舒适的奶牛环境。

保持挤奶机正常的工作状态。

按正确的挤奶程序操作。

充分利用DHI报告，采取适当措施，改进饲养管理，控制乳房炎发病率。

加强产前、产后牛的饲养管理，不准强制驱赶、起立或急走；

临床型乳房炎病牛应隔离饲养，并及时治疗，痊愈后再回群；对久治不愈、慢性、顽固性病牛及时淘汰。

停奶时每个乳区注入专用干奶药。

7.2　肢蹄保健

7.2.1　肢蹄常见病

常见的有蹄叶炎、腐蹄病、白线裂、趾间组织增生等。

7.2.2　肢蹄保健综合措施

牛舍、运动场地面应保持平整、干净、干燥。粪便及时清扫，污水及时排除。

坚持用5%硫酸铜液浴蹄，夏、秋季每周至少2次，冬、春季可适当延长浴蹄间隔时间。

坚持常年修蹄，全面组织好春、秋两季的牛蹄检修工作。

趾（指）间组织增生患牛，实施手术治疗。

对蹄病患牛应及时治疗。当蹄变形严重、蹄病发生率达15%时，应视为群发性问题，分析原因，采取相应的防治措施。

供应平衡日粮，满足奶牛对各种营养成分的需要量。

7.3　代谢性疾病

7.3.1　常见代谢性疾病

产乳热、酮病及瘤胃酸中毒等。

7.3.2 代谢病综合防治措施

合理调配奶牛日粮，防止营养失衡。

加强围产期奶牛生理指标的检测。

加强临产牛监护，对高产、年老、体弱及食欲不振牛，经临床检查未发现异常者，产前1周到产后1周可用糖钙疗法进行预防。

高产牛在泌乳高峰期时，日粮中可添加1.5%的碳酸氢钠（按总干物质计），与精料混合直接饲喂。

7.4 繁殖疾病

7.4.1 常见繁殖疾病

流产、阴道炎、阴道脱出、子宫脱出、子宫扭转、子宫内膜炎、子宫蓄脓、胎水过多、胎衣不下、卵巢机能减退、卵巢囊肿、持久黄体等。

7.4.2 繁殖疾病的综合防治措施

充分满足奶牛围产期及高峰期的各种营养需要。防止奶牛发生营养负平衡而引起的繁殖疾病。严格执行消毒制度，搞好环境卫生，保持环境清洁。严格执行奶牛围产期和输精的各项操作规程，防止由于人为因素引起微生物感染。

7.5 真胃移位

7.5.1 真胃移位的综合防治措施

合理调配日粮中的精粗比例，保证有效纤维含量。加强围产后期的饲养管理，防止胎儿过大。加强产后牛只护理，减少因产后疾病继发本病。

7.5.2 真胃移位的临床治疗

非手术疗法：常用翻滚法，将母牛四蹄缚住，腹部朝天，猛向右滚又突然停止，以期待真胃自行复原。在施用本方法前2天应禁食并限制饮水，使瘤胃体积变小，成功率较大。优点是不需开腹，对肌肤无损失，操作方便、简单、快速；缺点是疗效不确实，易复发。

手术疗法：切开腹壁，整复移位的真胃，并将真胃或网膜固定在右腹壁上。手术疗法适用于病后的任何时期，由于将真胃固定，疗效确定，是根治疗法。

7.6 瘤胃保健

瘤胃的重要机能是贮存、混合及消化粗纤维饲料。建立健全饲养管理制度，坚持科学养牛是瘤胃保健、防止出现瘤胃疾病的关键。瘤胃保健的措施有：

坚持合理的饲养管理制度，保证全年足够的饲料供应，严禁饲喂腐败、霉变饲料。

日粮配置要精粗比合理，保证奶牛矿物质、维生素的摄入量。

保持日粮的相对稳定，切忌频繁、突变。日粮需要调整是要循序渐进。

附录 8　规模养殖场猪常见病的诊断与治疗

1. 呼吸道疾病

1.1　加强饲养管理

1.1.1　隔离饲养：生长猪有呼吸道病发生时，应将症状较重的放在病猪栏隔离治疗，治疗无效应及时淘汰。

1.1.2　饲养密度：呼吸道病的发生与饲养密度密切相关。密度越高，呼吸道病发生的机率越大。各类猪适宜的饲养密度见下表：

猪别	体重（千克）	每猪所占面积（平方米）	
		非漏缝地板	漏缝地板
断奶仔猪	4～11	0.37	0.26
	11～18	0.56	0.28
保育猪	18～25	0.74	0.37
育肥猪	25～55	0.90	0.50
	56～105	1.20	0.80
后备母猪	113～136	1.39	1.11
成年母猪	136～227	1.67	1.39

养户肉猪各阶段适宜的饲养密度见下表：

密度：体重 15～30 千克　　0.8～1.0 平方米/头

体重 30～60 千克　　1.0～1.5 平方米/头

体重 60～90 千克　　1.5～2.0 平方米/头

1.1.3　保温与通风：控制好舍内的温度，尽量使每天早晚的温差不大；注意门窗的开关，采用适当的通风措施。

1.1.4　搞好冬季的防寒保温与夏季的防暑降温工作。

1.1.5　加强卫生消毒工作

1.1.6　转栏与混群应尽量减少应激

1.2　免疫接种：

按《免疫程序》接种疫苗，注射肺疫疫苗前后 1 周不得使用抗菌药物。

1.3　策略性投药防疫计划（以下为参考方案，应根据自身实际情况制订相应的方案）

1.3.1 强力霉素300毫克/千克混料（或150毫克/千克饮水），土霉素500毫克/千克混料（或250毫克/千克饮水），连用5~7天。

1.3.2 泰乐菌素+SM_2-Na，混饲或饮水，“110毫克/千克+110毫克/千克”，连用5~7天。

1.4 药物治疗措施

1.4.1 治疗时，应坚持治疗药物与预防药物相分开。

1.4.2 坚持个别治疗与全群投药相结合，对症状较重的猪实行肌注治疗，可用猪喘平、卡那霉素、土霉素针剂、喹诺酮类等，全群猪应进行混饲或饮水投药，症状消失后，应继续使用1个疗程，以防复发。

1.4.3 若本场呼吸道病普遍且较为严重，应以一定的间隔短期用药，如5天用药，7天停药的方式间隔用药，可降低发病率。

2. 皮肤病

2.1 疥癣

【症状】痒，皮肤增厚，表面有大量皮屑，严重病猪皮毛脱落，耳朵内侧有结痂。

【治疗】首选药物：1%敌百虫喷洗；严重病猪：螨净，伊力佳，通灭。

2.2 过敏性皮炎

【症状】一般不表现痒，皮肤表面出现红疹，或一夜间病猪耳廓、股内侧、腹部出现红紫斑块，病猪一般不发烧，食欲一般无大变化。

【治疗】地塞米松+青、链霉素，肌注2~3天即愈。

2.3 坏死性皮炎

【症状】一般发生于哺乳、断奶仔猪阶段，病初头部、耳部、背部、腹部等处出现带水泡样红疹，水泡溃烂后，形成黄色或黑色结痂，痂皮底下有脓性溃疡，严重病猪全身结痂，病猪基本不表现发痒症状。

【治疗】病初注射喹诺酮类或青+链霉素、维生素C（不混用），早中后期用0.1%高锰酸钾水擦洗，将痂皮擦掉，干燥后涂3%~5%碘酊，可连续涂擦几次。

3. 出血性肠炎

【症状】一般中大猪发病，病初可能食欲下降或便秘或体温升高，皮肤苍白，中后期拉红色粥样粪便，严重的拉出条状凝血块，外有一层肠粘膜包裹着，粪便呈腥臭味，病程短，有些表现急性死亡。

【治疗】全群治疗：二甲硝咪唑拌料，500克/吨。

个别病猪：静注5%葡萄糖+阿莫西林（或林可霉素）；肌注VK_3，痢菌净；严重病猪淘汰。

4. 链球菌病

【症状】本病由兽疫链球菌引起，常表现为急性败血型、脑膜脑炎型、关节炎型、淋巴结脓肿型。急性患猪常食欲废绝，体温升高至41℃以上，眼结膜潮红、流泪。有的出现运动失调、转圈、磨牙等神经症状，2~3天死亡；慢性经过的猪主要表现为关节炎、跛行或站立困难，食少，生长缓慢。

【治疗】

（1）按免疫程序接种好猪链球菌疫苗，疫苗接种时间不宜提前或推后。

（2）清除栏内尖锐物（如铁刺、安瓶屑等），严格消毒，病猪一头一针头，以防由针头带入链球菌；

（3）体温升高猪肌注安乃近（或氨基比林）+地塞米松+青霉素，严重者静脉注射①5% $NaHCO_3$，②磺胺嘧啶钠或磺胺-5—甲氧+5%糖水，并肌注维生素 B_1+维生素 C；

（4）有神经症状可考虑用 MgSO4 注射液、安痛定以抗惊厥；

（5）关节炎早期用地塞米松+安痛定+青、链霉素治疗，或用0.5%普鲁卡因+青霉素进行封闭疗法，严重者尽早淘汰。

（6）局部脓肿切开后以0.2%高锰酸钾溶液冲洗干净并涂搽3%~5%碘酊。

5. 便秘

本病可发生于各种猪，部位通常在结肠。主要由于青绿饲料缺乏；运动不足；变换饲料；某些传染病或热性病；慢性胃肠病也常继发本病；极少数因饮水器问题造成。

【症状】病猪食欲下降，饮水增加，呼吸加快，腹围增大，起卧不安，粪便少、干、硬，似球状，有时附有黏液；随后经常作排粪姿势，并无粪便排出。时间一长则直肠黏液水肿，肛门突出。严重病例，直肠内充满大量粪球压迫膀胱颈停止排尿。如无并发症，一般体温变化不大。

【防治】饲喂小苏打或芒硝，3~10克/头/天；对病猪应停饲或仅给少量青绿多汁饲料，给予大量饮水。及早灌服芒硝25~50克或石蜡油50~100毫升，或大黄苏打散5~10克，并用大量温肥皂水深部灌肠，配合腹部按摩，一般均能奏效。

6. 产后热

【症状】产褥热比较多见，主要表现为产后高热，饮水增加，皮肤发红，呼吸加快，卧躺少起，喂料不食。

【治疗】体温升高猪肌注安乃近（或氨基比林）+青霉素（或阿莫西林，宜单用）；维生素 B_1+地塞米松+链霉素。严重者先用少量水淋高热猪头部、身体，适应后可加大水量（天冷时不用），迅速肌注安乃近、维生素 C，同时静脉注射5%葡萄糖+地塞米松+青霉素钠+链霉素，或5%葡萄糖+磺胺嘧啶钠或磺胺—5—甲氧，体温降下后停用安乃近等解热药。

7. 母猪产后不食

本症状常见于急性子宫炎、产褥热、便秘等，共同点是产后不食或食欲下降。便秘见前述。急性子宫内膜炎多发生于产后（或流产后），病猪产后不食或食欲下降，体温升高，时常努责，有时从阴道内排出呈臭味的红褐色黏液或脓性分泌物。产褥热比较多见，主要表现为产后高热，饮水增加，皮肤发红，呼吸加快，卧躺少起，喂料不食。

【治疗】

（1）体温升高猪肌注安乃近（或氨基比林）+青霉素（或阿莫西林，宜单用）；维生素 B_1 +地塞米松+链霉素。严重者先用少量水淋高热猪头部、身体，适应后可加大水量（天冷时不用），迅速肌注安乃近、维生素 C，同时静脉注射5%葡萄糖+地塞米松+青霉素钠+链霉素，或5%葡萄糖+磺胺嘧啶钠或磺胺—5—甲氧，体温降下后停用安乃近等解热药。

（2）急性子宫内膜炎母猪可肌注地塞米松+青、链霉素，或地塞米松+阿莫西林。用60～80毫升无菌蒸馏水或生理盐水稀释青、链霉素（或阿莫西林、宫炎净等）冲洗子宫，并肌注催产素、氯前列烯醇、律胎素以排出分泌物，一定要连续冲洗几次，直至治愈。

（3）产后不食或食欲下降的母猪肌注容大胆素+维生素 B_1 +肌苷+维生素 B_{12}，饲料中可加入开食补盐或氨基维他，拌湿料喂猪，加喂青绿饲料。

8. 圆环病毒病

【症状】

精神沉郁，采食量少，渐进性消瘦，可表现呼吸急促，体温一般低于40.5℃，有的表现拉稀，有的似附红胞体般起红点，但采用针对附红细胞体或皮肤病的处理方案难于控制。有的腹部、臀部、耳部、全身多处皮肤出现大的紫红斑块，有的可视黏膜表现黄染。多数病猪腹股沟淋巴肿大数倍。消瘦猪常常以死亡告终。

【防制措施】暂无有效药物与疫苗。一般只能对症治疗，重点解决采食量的问题。可用大黄苏打散、三珍散、酵母粉，适当加白糖，饮水可用病毒灵、柠檬酸。吃小猪料的猪只可快速转为中料或使用小猪料。全群拉粪便较少或拉硬粪较严重时可先缓泻（可用硫酸钠或硫酸镁，可将严重的猪只挑出后集中处理）。挑出长速差、毛长、有呼吸道症状的猪只，使用喘速治（或氟甲砜原粉）加磺胺（或强力、金霉素）拌料，或肌注先锋五（或恩诺、氯霉素）加磺胺药。

及时将体况差、消瘦见骨、久治无效的猪只隔离或淘汰，以免持续排毒祸及健康猪只。

建议：由于死苗及其佐剂会激活圆环病致病与排毒，有此病的猪群宜推后或减免死苗（如口蹄疫、肺疫、链球菌苗）注射。

9. 附红细胞体病

【症状】急性型表现为发烧至40.5°C以上，采食减少，耳、臀部及全身皮肤出红点。红点绿豆大小，突出于体表。之后可表现为拉稀，多为糊状，黄色，较为顽固，对症治疗常不易康复。耐过猪长速变慢。

亚急性或慢性型可表现为耳廓与四肢末端暗红，温度较其他地方为低，严重时发生耳廓坏死。时间延长（或用药治疗后）可能表现为苍白，可视粘膜贫血、黄疸。用药后可能好转或康复，但仍可复发，猪只不易产生免疫力。

【病变】多个内脏苍白贫血或黄疸，血液可能表现为凝固不良、稀薄如水。有的可能肺有出血，胸腹腔积液。

【诊断】注意与蚊虫叮咬、疥螨病、湿疹相区别。

蚊虫叮咬：红点比较小，但无体温升高及其他不适症状。

湿疹：也表现为疹块型，但温度无升高，同时猪舍会有阴湿的环境。

疥螨：呈片状的红色斑，被毛粗乱，有红斑处被毛逐渐脱落。皮肤结痂，猪只有痒感，尤其是温度由凉转暖时痒感明显。温度无升高。

【防制措施】

①全群：四环素类（金霉素、土霉素、四环素、强力霉素）、贝尼尔（血虫净），有机砷制剂（阿散酸、尼可苏）、附红克。

②个别处理：将病猪挑出放于病猪栏，集中加药或使用针剂注射。可用的针剂：长效抗菌剂，红弓，新强米先（盐酸强力霉素）。

③对症治疗：喷消毒药于猪身（如千分之一的高锰酸钾、消毒灵、敌百虫等）。针对过敏性皮疹，可使用地塞米松加维生素C。

【注意事项】如果在发病后需注射疫苗，最好是推迟数日，待病情控制后再补注。注射时必须严格换针头（至少做到一栏猪换一个针头），注射药物治疗时也应注意换针头，以免加快疫情的传播与发展。如果使用公司加强料，可在此料基础上适当添加上述药（如附红克可再加500毫克/千克，强力霉素可加600～800毫克/千克。

10. 弓形体

【症状】一年四季可发，多发于高温高湿季节。强烈的应激与抵抗力下降、免疫力低下（如发生过篮耳病、附红细胞体病）是发病的诱因。

急性型：高热（41℃以上）可持续数日，耳、腹部与四肢发绀与出血，出血呈斑点状，腹股沟淋巴结肿大数倍。猪只精神沉郁，少食或绝食，可表现呼吸症状，有的表现为四肢（尤其是后肢）麻痹或瘫痪。

慢性：由急性转变而来，为发热过后、用药或耐过后的表现。可能表现为被毛粗乱、皮肤苍白、消瘦，长速减慢，体表淋巴结肿大。

【病变】典型的有肺间质增宽与水肿，多数内脏有散在灰白坏死点。多数淋巴结肿大数倍，切面有灰白坏死灶，有的有出血点。

【防制措施】在饲料中添加磺胺二甲基咪啶（或黄胺六甲），或再加三甲氧苄氨咪啶（5∶1比例），注意补加同样浓度的小苏打；个别处理：注射磺胺类药物。

11. 仔猪黄白痢的防治

11.1 预防措施

11.1.1 加强妊娠母猪和哺乳母猪的饲养管理，合理饲喂，防止母猪产后乳汁过浓或过稀。

11.1.2 若以前该产房仔猪下痢严重：

11.1.2.1 母猪产前5天连续投喂抗生素：如强力霉素300毫克/千克（混料或饮水）、利高霉素预混剂1 000毫克/千克拌料。

11.1.2.2　产后仔猪吃初乳前口服抗菌助消化药物如：庆大霉素1～2毫升、恩诺沙星（普杀平）1毫升。

11.1.3　加强免疫，妊娠母猪怀孕115天肌注大肠杆菌四价苗。

11.1.4　空栏产房彻底冲洗消毒。一般要求程序是：清扫卫生→水冲洗→消毒→晾干后二次消毒（最好火焰消毒或薰蒸消毒）→转入临产猪。

11.1.5　母猪产前1～3小时，用0.1%高锰酸钾水（冬季用温水）溶液擦洗母猪乳房、外阴部。挤掉头几滴奶。

11.1.6　接产时用具、接产员手臂严格消毒。

11.1.7　产生仔猪2日内补铁、补亚硒酸钠维生素E，提高仔猪抗病能力。

11.1.8　坚持产房每个单元全进全出，严禁上一批弱仔寄养到下一批产房。

11.1.9　病母猪及时治疗。无乳母猪可使用泌乳进、催产素（配合使用抗生素，不混用）等。

11.1.10　仔猪5～7日龄开食补料，料槽清洁，补料时勤添少添，保持新鲜。

11.1.11　保持卫生，定期消毒（每周2次）；注意温度与湿度。

11.1.12　小猪寄养过哺时，不能把正在下痢的仔猪寄养到健康窝群中。

11.1.13　产房单元尽量减少人员出入，出入人员严格消毒。

11.2　治疗措施

11.2.1　定期协助猪病室做药敏试验，筛选敏感药物，治疗时按猪病室、技术部筛选的药物方案进行。

11.2.2　每种药物连续使用一个疗程，无效后换药。

11.2.3　治疗时除抗生素等药物外，要酌情对症使用辅助治疗药物如阿托品、维生素B_{12}、维生素C等。脱水严重的要腹腔补液或口服补液盐。

11.2.4　发现一头，全窝治疗。换窝治疗时，要换针头。

11.2.5　病猪治疗采用专用注射器，注意器械用后消毒。

11.2.6　若无药物敏感试验结果，目前推荐的治疗药物有：环丙沙星、恩诺沙星、氟哌酸、庆大霉素、百痢停、肠菌净、新霉素等几种。

12. 流感

【症状】

初期可有喷嚏、流鼻涕等症状，传播迅速，咳嗽或腹式呼吸，眼屎增多，精神沉郁，打盹儿，喜卧而少动，体温一般低于40.5℃。

【防制措施】全群，用冰醋酸（或陈醋）熏蒸，使用时按1：1加水，每100头猪的栏舍可用1 000～2 000毫升醋。连熏3～5天。煲老姜水，每天用10～20斤老姜（严重时可加倍），煲水50～100斤，一批姜可煲两次，混合一次使用，饮用时加水稀释至200～400斤水，再适当加入红糖（或白糖）与病毒灵（或病毒唑），于傍晚或清晨使用，最好使用前停水数小时，个别严重猪可注射柴胡，每头每次5～10毫升。

13. 衣原体病

【症状】

典型的可表现发低热（40~41℃），精神沉郁，眼结膜炎、眼屎多，呼吸急促，喷嚏、咳嗽、流泪，也可表现为拉稀（不易治好）、关节肿大，个别猪只对刺激敏感、抽搐或划动。

【防制措施】全群可投四环素类（土霉素、金霉素、强力霉素）、大环内酯类（红霉素、泰乐菌素、百里霉素）、青霉素类、氯霉素类药拌料。个别处理，注射长效土霉素，新强米先（盐酸强力霉素）、青霉素类或上述其他拌料药物的针剂。

14. 保育仔猪肠炎

14.1 预防措施

14.1.1 空栏彻底冲洗消毒。

14.1.2 坚持保育舍每个单元全进全出，严禁上一批弱仔寄养到下一批。

14.1.3 头两天注意限料，以防消化不良引起下痢。以后自由采食，料槽清洁，少喂勤添，保持新鲜。每天添料3~4次。

14.1.4 保持清洁卫生，定期消毒（每周2次，天冷或雨天时延后）；注意温度与湿度。

14.1.5 保育舍单元尽量减少人员出入，出入人员严格消毒。

14.2 治疗措施

14.2.1 定期协助猪病室做药敏试验，筛选敏感药物，治疗时按猪病室、技术部筛选的药物方案进行。

14.2.2 每种药物连续使用一个疗程，无效后换药。

14.2.3 将病猪集中在最后1、2栏，集体投药或治疗。

14.2.4 治疗时除抗生素等药物外，要酌情对症使用辅助治疗药物如阿托品、维生素B_1、维生素B_{12}、维生素C等。脱水严重的要静脉补液或（和）口服补液。

14.2.5 病猪治疗采用专用注射器，注意器械用后消毒。

14.2.6 若无药物敏感试验结果，目前推荐的治疗药物有：环丙沙星、恩诺沙星、氟哌酸、复方敌菌净、百痢停、痢菌净、肠菌净、新霉素等几种。

15. 睾丸肿胀

此病症多由睾丸炎引起睾丸实质及副睾的炎症。

【病因】

（1）由外伤引起的，多为一侧性，当睾丸受到挫伤和挤压伤时导致睾丸肿胀。

（2）继发于某些传染病及其他疾病，多为两侧性，如乙脑、布氏杆菌病等。

【症状】

（1）急性睾丸炎：站立时，两后肢张开，运动时两后肢运步缓慢并外展。睾丸肿胀，触诊时，温度增高，疼痛并较硬固，阴囊皮肤发亮、发红。压诊有疼痛反应，病猪多伴有全身症状，如体温升高，精神沉郁，食欲减退。

（2）慢性睾丸炎：睾丸皱缩，压之坚硬，温热，疼痛不明显，后肢运步缓慢。

【防治】

（1）按免疫程序接种好乙脑疫苗，乙脑抗体不合格的种猪应紧急接种乙脑疫苗。

（2）引进外公司后备猪时，检测布氏杆菌抗体，阳性猪淘汰。

（3）对急性无菌性睾丸炎，可选用高渗氯化钠或高渗氯化钾溶液、酒精等湿敷，对病猪肌注广谱抗菌素，口服鱼腥草或三黄散等。

（4）有针对性淘汰慢性睾丸炎公猪。

16. 血尿

尿中混有血液称为血尿，是泌尿器官出血所致的共同症状，而并非一种独立的疾病。

【病因】

公猪主要由泌尿器官的炎症、尿路损伤等疾病引起。某些药物（磺胺、庆大霉素等）和毒物中毒，而导致泌尿器官血管壁损伤时，易发生血尿；某些传染病（如败血症、钩端螺旋体病）等，血尿作为这些疾病的一个症状出现。

【症状】

（1）肾源性血尿：发生于肾炎、肾损伤等，特点是血液及尿液混合均匀，前、中、后三个阶段的尿液红色的浓度大致相同。

（2）膀胱性血尿：常见有膀胱炎症状，特点是血液及尿液混合不均匀，以最后阶段的尿液红色的浓度为最深，甚至出现血凝块。

（3）尿道性血尿：呈尿道炎症状，特点是血液与尿不呈均匀混合，以最先阶段的尿液红色的浓度为最深，甚至出现血凝块。

【防治】

（1）加强饲养管理，增强公猪抗病力，防止受寒感冒。

（2）及时查明血尿病因，及时检查尿液，查明出血部位，及时合理治疗原发病，制止出血。由感染因素引起的可选用多种抗生素、磺胺类药物或尿路消毒药乌洛托品等治疗，同时使用止血药，如维生素 K_3、安络血或止血敏等。

17. 肢蹄病

可发生于四肢任何部位，主要表现为跛行，严重者可使猪只瘫痪。

【病因及症状】

（1）传染性关节炎：如丹毒杆菌、巴氏杆菌、支原体、嗜血杆菌、放线菌等，表现为关节（多见跗关节、膝关节）肿大、跛行。

（2）外伤性跛行：多发生在运输、追赶、配种之后，由于外力作用，使关节钝挫、剧伸或扭转。触诊受伤关节，发现有肿胀、增温和压痛感。

（3）营养性跛行：公猪常患裂蹄症，是由缺锌和生物素等引起的慢性疾病。表现为蹄裂，轻度为跛行，重者出血、躺卧不起，蹄冠部皮肤粗躁，有不同程度皲裂。

（4）腐蹄病：是蹄内皮肤和软组织发生腐败、恶臭特征的一种疾病，也有的表现为蹄腐烂、趾间腐烂或蹄壳脱落，由于剧烈疼痛而出现跛行，病猪喜卧，不愿起立，强令站立时患肢不敢着地。

（5）风湿性跛行：由于猪舍阴暗、潮湿、寒冷，猪只运动不足时，致使猪四肢关节及周围肌肉发生炎症、萎缩，由于疼痛，病猪多喜卧，不愿运动，驱赶时勉强走动，表现跛行，随运动时间的延长而逐渐减轻，局部的疼痛也逐渐缓解。

【防治】

针对上述五类肢蹄病的病因，平时要加强管理，细心检查，采取相应预防措施，防患于未然。常规治疗可参考以下方法，肢蹄病严重、无治疗价值的病猪建议淘汰。

（1）对于传染性关节炎，一般用抗菌药物治疗；

（2）对于关节扭伤，患部可涂擦5%碘酊、松节油等；

（3）对裂蹄症，停用磺胺类药，应补锌和生物素：在饲料加入100～200毫克/千克硫酸锌和适量生物素，用1%硫酸锌凡士林涂擦蹄部，治愈后的种猪应在日粮中加入30～50毫克/千克的硫酸锌，可预防本病的发生；

（4）对于腐蹄病，疼痛剧烈时，肌注安痛定＋青霉素＋链霉素或0.25%～0.5%普鲁卡因＋青霉素作患肢的环状封闭等；

（5）对于风湿性跛行，可静脉注射复方水杨酸钠注射液，肌注青霉素（阿莫西林）＋地塞米松（或醋酸可的松）、撒痛风等。

18. 流行性腹泻

【症状】潜伏期长短不一，病猪感染后即出现腹泻排灰黄色或灰色水样粪，体温正常或稍高，精神沉郁，食欲减退或不食，口渴等病变。

【防治】严密隔离消毒，投抗菌素，如痢菌净粉、新霉素、痢速治等药物，在水中投葡萄糖、盐开水饮，防猪只脱水。

19. 肉猪大肠杆菌病

【症状】

①水肿病

猪只体况良好，突然倒地，四肢抽搐或划动，很快不治而亡。其他症状还有，体温不升高或略升高，头、颈部、眼睑水肿，可能眼睫膜潮红，肚腹胀满。腹部与四肢一般无潮红与出血斑。即使及时发现后注射大剂量磺胺或阿莫西林常常无效（治愈率10%～20%）。但猪只也可能无水肿症状。

肠管变粗，胃大弯、结肠系膜水肿，其他内脏多无典型病变。

②溶血性大肠杆菌病

猪只无特别的体况表现（可肥可瘦），多表现为急性拉稀，初期为糊状，迅速变为水样；粪便初为灰褐色，迅速变为黄色，便中含有大量透明黏液，恶臭，猪只从发病至死亡病程约1～2天。死前眼窝下陷，猪只呈脱水样。

主要病变在小肠，尤其是空肠，肠管变粗，内容物水样，恶臭，不少肠段粘膜呈弥漫性充血、出血或溃疡，肠系膜淋巴结肿大。

【防制措施】针对水肿病，只能加强饲养管理，减少应激，在天气突变时，饲料或饮水中使用抗生素（土霉素、卡那、庆大、氟派酸、新霉素等）预防。紧急全群注射水肿苗。针对水泻性大肠杆菌病猪，全群可使用痢速治加二甲硝咪唑，同时紧急注射水肿苗，个别处理，可注射先锋五（或针对脱水严重的猪只采用补液，其配方见后文“肉猪拉稀”部分）。采食少或不食的可罐服。

20. 肉猪拉稀

【症状】

①病毒性腹泻

多发生于10月份至次年3月份，发病较急，传播迅速，几天内可导致全群感染。病猪可能先有呕吐，之后很快表现拉稀，粪便呈水样，喷射状，恶臭。猪只迅速脱水消瘦，个别猪因继发细菌病死亡。

剖检：主要病变在小肠，小肠半透明，内容物水样，含有气泡，肠系膜淋巴结肿大呈索状。

处理：全群使用人工补液盐饮水，配方为（400斤水用量）：氯化钠2斤，小苏打1斤，葡萄糖8斤，加水400斤，全天饮水。配方中最好使用葡萄糖，其他糖类不容易吸收。个别拉稀较严重的口服或腹腔注射该溶液，一次40～50毫升，腹腔注射时溶液中需加少量抗生素（如沙星类、卡那、庆大、丁胺卡那、新霉素等）。个别补液也可用简易配方：5%葡萄糖生理盐水500毫升加小苏打10～20克，加少量抗生素口服或注射。

圈舍及过道铺撒石灰，减少湿度，及时用石灰消毒拉出的水样粪便。

②细菌、原虫性拉稀

主要与大肠杆菌、沙门氏菌、增生性肠炎、A型魏氏梭菌性肠炎、猪痢疾、小袋纤毛虫等有关。

a. 便中无血或粪便非黑色，拉稀呈稀糊状，可能有未消化的饲料。也可能为细菌加小袋纤毛虫混合感染所致。

处理方法：预防，饲料平稳过渡。治疗，拉稀较轻，只需使用复方土霉素加痢菌净粉；稍严重的可用沙星类（或新霉素、庆大、卡那、丁胺卡那、敌菌净）与二甲硝咪唑配合使用；再难控制的可使用痢速治（或氟甲砜原粉）加二甲硝咪唑。注意少用痢特灵。

b. 便中无血，但拉出粪便呈黄色、灰色或绿色等多样。呈黄色者多为蛋清样、恶臭。此为增生性肠炎，重点是使用二甲硝咪唑（1～2克每头每天），可同时使用上述抗生素。少食者可灌服。

c. 便中带血或粪便呈黑色或煤焦油样，多为血痢或梭菌性肠炎，重点是使用二甲硝咪唑。

个别处理：凡未拉成水样的猪，可一边注射痢菌净，一边注射杀菌类抗生素（见前文），拉成水样者需同时补液（见前文）。拉血者可注射维生素 K_3 加维生素C。

注：使用小猪料后可能拉成糊状，是由于采食量过多引起，适当控料即可减少。

21. 肉猪突然倒地

（1）原因

链球菌、传染性胸膜肺炎、巴氏杆菌、水肿病、衣原体、弓形体、沙门氏菌等感染所致。不同猪场可能有所不同。

（2）鉴别诊断

注意量体温，40.5℃以内的多为衣原体、水肿病。40.5℃以上者多为链球菌、胸膜肺炎、弓形体病。如果仅表现倒地，无呼吸急促，眼发红，颈部至腹部皮肤全为暗红色，四肢呈划水样，多为急性链球菌病，如果有犬坐式呼吸急促、喘气，口、鼻、耳发绀，死前口鼻流出有气泡的含血分泌物，多为胸膜肺炎。如果高热不退，呼吸困难，腹股沟淋巴结肿大，耳、鼻、股内侧、下腹部有紫红斑块，鼻流出黏液样鼻汁，则多为弓形体病。

（3）处理

针对链球菌、胸膜肺炎，一般可注射阿莫西林、丁胺卡那、沙星类或青链霉素合用，同时可配合使用退烧药安乃近、氨基比林等。如果有划水样，应首先考虑注射磺胺药（首次可使用20毫升，之后用量减半），同时配合使用阿莫西林等其他抗生素。最好是肌内注射加耳静脉吊针同时进行，吊针配方为：葡萄糖加小苏打加1～2毫升肾上腺素（或复方樟脑）。如果只采用吊针，可先吊葡萄糖加抗生素加肾上腺素，之后再吊针小苏打。全群可用阿莫西林、磺胺六甲、百里霉素等拌料。

针对衣原体，弓形体的处理方法见上文。

猪场驱虫

1. 目的

控制、净化猪场寄生虫，使猪群不受体内外寄生虫的困扰，提高饲料报酬和繁殖水平。

2. 范围

适用猪场。

3. 职责

3.1 生产技术部负责制定驱虫药物添加方案。

3.2 饲料厂负责按生产技术部制定的驱虫药物添加方案在饲料中添加药物。

3.3 饲养员定期使用驱虫药驱杀猪体内外寄生虫、环境中的外寄生虫及其虫卵。

4. 工作程序

4.1 后备猪：由隔离舍饲养员按本场技术人员要求在饲料中添加药物进行驱虫。

4.1.1 从其他外公司引进一周内驱虫一次。

4.1.2 本公司后备猪，配种前驱体内外寄生虫一次。

4.2 成年猪

4.2.1 每年定期（2月、6月、10月）通过饲料厂添加药物（如伊力佳、阿维菌素等）驱虫三次。

4.2.2 猪舍与猪群驱虫消毒：由饲养员按本场技术人员要求配制药物进行驱虫消毒。

a）每月对种猪和中大猪带体驱体外寄生虫消毒一次。

b）产房进猪前用猪体外专用消毒剂螨净（按其说明书要求浓度）空栏驱虫消毒一次，临产母猪上产床前驱体外寄生虫一次。

4.3　及时收集驱虫后的粪便，进行生物热堆积发酵（外覆薄膜），防止虫卵扩散。

4.4　驱虫药物视猪群情况、药物性能、用药对象等灵活掌握。

4.5　常用驱虫药物选择表　见附表。

5. 质量记录

《猪场驱虫记录表》

附表：常用驱虫药物选择表

项目 分类	首选药物	次选药物			
内寄生虫	伊维菌素	阿维菌素	左旋咪唑		
外寄生虫	敌百虫	伊力佳	除虫菊酯类	螨净	倍特

附表：猪场驱虫记录表

驱虫时间	加驱虫药的饲料品种	加驱虫药的饲料数量（包）	驱虫药名称	驱虫药浓度（PPM）	领料生产线组长

附录9　常用实验室诊断检测技术

规模场常用的检测血清抗体的方法有液相阻断酶联免疫吸附试验（LPB-ELISA）和正向间接血凝试验，感染和免疫抗体鉴别诊断方法。

一、口蹄疫液相阻断 ELISA（LB-ELISA）操作方法

液相阻断 ELISA 是检测口蹄疫病毒抗体的国际标准方法，也是国际贸易指定方法之一。液相阻断 ELISA 主要用于检测抗体。应用于两方面的目的：（1）检测口蹄疫病毒感染，广泛应用于国际贸易中；（2）监测免疫抗体，评价口蹄疫疫苗免疫效力，也就是疫苗免疫动物的抗强毒攻击能力。

（一）液相阻断-ELISA（LB-ELISA）反应原理

预先滴定好的固定量病毒抗原与被检血清首先在液相中反应，然后将抗原抗体复合物转移到包被了口蹄疫型特异性抗体的 ELISA 板中，没有完全被血清抗体阻断的病毒抗原被 ELISA 板中的抗体捕获，亦与随后加入的豚鼠抗血清中的抗体结合，再通过兔抗豚鼠 IgG 酶结合物和底物溶液现色。按试验孔呈现的颜色与抗原对照（未加血清）孔呈现颜色相比较判定结果。抗体滴度以能阻断 50% 病毒抗原的血清稀释度表示。

（二）LB-ELISA 反应流程（图 1）

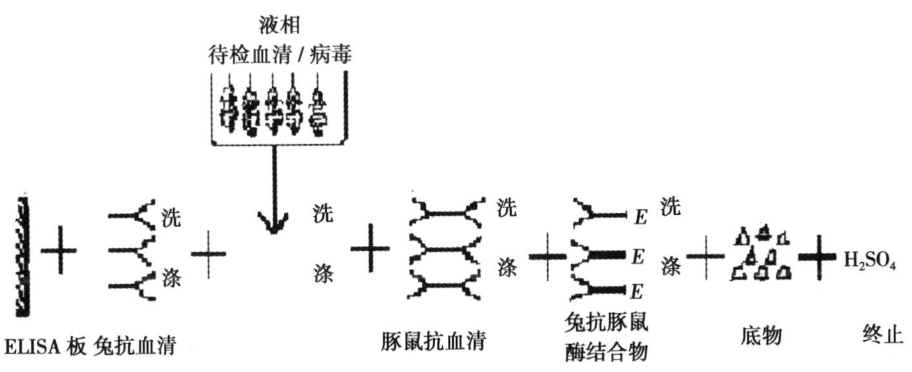

图 1　液相阻断 ELISA 流程图

（三）主要试剂与器材

1. 主要试剂

（1）捕获抗体：口蹄疫病毒 146S 兔抗血清

（2）检测抗体：口蹄疫病毒 146S 豚鼠抗血清

（3）酶结合物：兔抗豚鼠 IgG-辣根过氧化物酶结合物

（4）病毒抗原及病毒对照抗原：用 BEI 灭活的病毒细胞培养物

（5）标准阳性血清和阴性血清

（6）底物溶液：邻苯二胺（O/PD）/H_2O_2 溶液

（7）终止液：1.25 摩尔/升 H_2SO_4

（8）缓冲液：

①包被缓冲液：0.05M Na_2CO_3/$NaHCO_3$，pH9.6；

②稀释液：0.05%（V/V）Tween-20 加入 0.01MPBS，pH7.4（PBST）；

③豚鼠抗血清稀释液：5% 脱脂奶粉-PBST；

④洗涤液：0.01M PBST，pH 7.4。

2. 主要仪器材料

（1）ELISA 板：96 孔平底聚苯乙烯 ELISA 板（Nunc 或 costor）。

（2）抗原抗体反应板：96 孔 U 形底聚丙烯微量板。

（3）移液器：0.5～20 微升，5～40 微升，50～200 微升，200～1 000 微升可调节移液器各一把，8 道或 12 道移液器一把，移液槽 5～6 个，各配套移液枪尖若干。

（4）37℃温箱

（5）酶标仪：492 纳米波长滤光片。

（6）吸水纸巾。

（四）操作步骤

1. 包被 ELISA 板：用包被缓冲液稀释兔抗血清至工作浓度，每孔加 50 微升。震荡 2～3 分钟，封板膜封板或湿盆中室温过夜。

2. 抗原抗体（对照血清和待检血清）反应

图 2. 96 孔酶标板定性检测 40 份样品布局图（仅用于亚洲 1 型抗体检测）

	1	2	3	4	5	6	7	8	9	10	11	12
A	S1 1：128	S1	S9	S9	S17	S17	S25	S25	S33	S33	+1：32	−1：4
B	S2 1：128										1：64	1：8
C	S3 1：128										1：128	
D	S4 1：128										1：256	
E	S5 1：128										1：512	病毒抗原对照
F	S6 1：128										1：1 024	
G	S7 1：128										1：2 048	
H	S8 1：128	S8	S16	S16	S24	S24	S32	S32	S40	S40	1：4 096	

图3. 96孔酶标板检测10份样品布局图

	1	2	3	4	5	6	7	8	9	10	11	12
A	S1 1：8	S2	S3	S4	S5	S6	S7	S8	S9	S10	+1：32	-1：4
B	1：16										1：64	1：8
C	1：32										1：128	
D	1：64										1：256	
E	1：128										1：512	病毒抗原对照
F	1：256										1：1 024	
G	1：512										1：2 048	
H	1：1 024										1：4 096	

图4. 96孔酶标板检测20份样品布局图

	1	2	3	4	5	6	7	8	9	10	11	12
A	S2 1：32	S2	S3	S4	S5	S6	S7	S8	S9	S10	+1：32	-1：4
B	1：64										1：64	1：8
C	1：128										1：128	
D	1：256										1：256	
E	S11 1：32	S12	S13	S14	S15	S16	S17	S18	S19	S20	1：512	病毒抗原对照
F	1：64										1：1 024	
G	1：128										1：2 048	
H	1：256										1：4 096	

根据不同的需要，选择图2至图4中的一种布局在抗原抗体反应板上操作。图2为定性检测40份血清样品布局图；图3为抗体滴度测定（定量）检测10份样品布局图；图4为抗体滴度测定（定量）检测20份样品布局图。

稀释待检血清：如仅是定型试验，可以按照图2操作。首先，用PBST工作液将被检血清1：64稀释，取50微升稀释好的血清加入抗原抗体反应板，每份样品重复两孔，同时按照图示以50微升/孔的量稀释阴阳性对照血清，然后每孔加入50微升用PBST工作液稀释到使用浓度的病毒抗原，病毒抗原对照孔加100微升，振荡混匀，封板，4℃过夜。加入病毒抗原后血清的稀释度变为1：128。

如做定量试验，要选择图3或4为例，进行操作。以图3为例，在U型血凝板上按50微升/孔量用PBST工作液将待检血清从1：4开始做2倍连续稀释至1：512。同时，按图示稀释阴阳性对照血清，然后每孔加入50微升稀释到使用浓度的口蹄疫病毒抗原，病毒抗原对照孔加100微升。振荡混匀，封板，4℃过夜。加入病毒抗原后血清的稀释度变为从 1∶8 开始的 2 倍稀释。

用 PBST 洗 ELISA 板 5 次，在吸水纸上甩干，抗原抗体反应板从 4℃取出室温放置 10 分钟后，将各孔血清病毒混合物转移至 ELISA 板上，每孔 50 微升，37℃温育 1 小时。

同上洗板后，每孔加 50 微升稀释至工作浓度的豚鼠抗血清，37℃，温育 1 小时。

同上洗板，每孔加 50 微升稀释至工作浓度的兔抗豚鼠酶结合物，37℃，温育 1 小时。

洗板后，每孔加 50 微升含 0.05% H_2O_2（30% W/V）的邻苯二胺溶液，37℃温育 15 分钟。

每孔加 50 微升 1.25 摩尔/升 H_2SO_4 的终止反应，立即在 492 纳米波长下读取光吸收值（OD 值）。

（五）结果判定

1. 试验认可标准

每次试验，每块板必须设病毒抗原对照和阴阳性血清对照。病毒抗原对照至少两个孔的 OD 值为 1.0 以上，最好在 1.0～1.6 范围内；阳性对照抗体滴度应是 1∶1 024 ±1 滴度；阴性对照抗体滴度应小于 1∶4。

2. 病毒抗原对照平均 OD 值 50% 计算（临界值）

抗原对照是 4 孔，弃去最高和最低 OD 值，计算剩余 2 孔的平均 OD 值，再除以 2，即 50% 对照值。该值即为临界值，表示阻断 50% 反应的对照 OD 值。

3. 最终结果判定

以病毒抗原对照平均 OD 值的 50% 为临界值，被检血清稀释孔 OD 值大于临界值的孔为阴性孔，小于或等于临界值的孔为阳性孔，阳性孔的 OD 值等于临界值时所对应的稀释度为该份血清的抗体滴度。例如病毒抗原对照平均 OD 值为 1.2，则其 50% 为 0.6。若某一待检血清在 1∶128 时 OD 值为 0.6，则该份待检血清的抗体滴度为 1∶128。若临界值处于两个滴度之间，如处于 1∶64 与 1∶128 之间，则抗体滴度取中间值为 1∶90。定性检测中，两个重复孔只要有一孔为阳性孔，则抗体滴度判定为 1∶128，两孔均为阳性孔，则判定为抗体滴度 >1∶128。

检测 O 型口蹄疫抗体水平，ELISA 抗体滴度与免疫动物攻毒保护的关系：牛、羊：抗体滴度 ≥1∶128，100% 保护；<1∶16 不保护；1∶22～1∶90，50% 保护。猪：≥1∶64，99% 保护；<1∶4 不保护；1∶4～1∶45，50% 保护。

检测亚洲 1 型口蹄疫抗体水平，血清抗体滴度 ≥1∶128 时，判定为口蹄疫亚洲 1 型抗体阳性。

二、口蹄疫正向间接血凝试验操作方法

（一）原理

用已知血凝抗原检测未知血清抗体的试验，称为正向间接血凝试验，亦称间接

血凝。

抗原与其对应的抗体相遇，在一定条件下形成抗原—抗体复合物。但这种复合物的分子团很小，肉眼看不见。将抗原吸附（致敏）在红血球表面，再与抗体结合，红血球便出现凝集现象，不仅肉眼能看见，而且反应的敏感性大大提高。本法就是将口蹄疫纯化病毒致敏到绵羊红血球表面，制成口蹄疫血凝抗原，用于检测动物血清中的口蹄疫抗体水平。

（二）适用范围

主要用于检测口蹄疫疫苗接种动物血清抗体效价。

（三）试验器材

1. 96 孔 110—120 度 V 型医用血凝板，与血凝板大小相同的玻板。

2. 微量移液器与吸头。

3. 口蹄疫血凝抗原（口蹄疫正向血凝诊断液）。

4. 口蹄疫阴性血清。

5. 口蹄疫阳性血清。

6. 稀释液

7. 待检血清（被检血清）

（四）试验方法

1. 加稀释液

在血凝板上 1～6 排的 1～9 孔；第 7 排的 1～4 孔；第 8 排的 1～12 孔各加稀释液 50 微升。

2. 稀释待检血清

取 1 号待检血清 50 微升加入第 1 排第 1 孔，混匀（避免产生过多的气泡），取出 50 微升移入第 2 孔，混匀后取出 50 微升移入第 3 孔……直到第 9 孔混匀后取出 50 微升丢弃。此时第 1 排 1～9 孔待检血清的稀释度（稀释倍数）依次为：

1∶2、1∶4、1∶8、1∶16、1∶32、1∶64、1∶128、1∶256、1∶512

取 2 号待检血清加入第 2 排；取 3 号待检血清加入第 3 排……均按上法稀释，注意！每取一份血清时，必须更换吸头一个。

3. 稀释阴性对照血清

在血凝板上的第 7 排第 1 孔加阴性血清 50 微升，对倍稀释至第 4 孔，混匀后从该孔取出 50 微升丢弃。此时阴性血清对照孔依次为：1∶2、1∶4、1∶8、1∶16。

4. 稀释阳性对照血清

在血凝板上的第 8 排第 1 孔加入阳性血清 50 微升，对倍稀释至第 12 孔，混匀后从该孔取出 50 微升丢弃，此时阳性血清稀释倍数为 1∶2～1∶4 096。

5. 加血凝抗原

被检血清各孔、阴性对照血清各孔、阳性对照血清各孔、稀释液对照孔均各加血凝抗原 25 微升。

6. 振荡混匀

将血凝板置于微量振荡器上振荡1分钟，如无振荡器，用手摇匀亦可。然后将血凝板放在白纸上观察各孔红血球是否混匀，不出现血球沉淀为合格。盖上玻板，室温下静置1.5~2小时判定结果，也可延至翌日判定。

7. 判定标准

移去玻板，将血凝板放在白纸上，先观察阴性对照血清1：16孔，稀释液对照孔，应无凝集，或仅出现“+”凝集。

阳性血清对照1：2~1：256各孔应出现“++~++++”凝集为合格。

在对照孔合格的前提下，再观察待检血清各孔，以呈现“++”凝集的最大稀释倍数为该份血清的抗体效价。例如1号待检血清1—5孔呈现“++~++++”凝集，6~7孔呈现“++”凝集，第8孔呈现“+”凝集，第9孔无凝集，那么就可判定该份血清的口蹄疫抗体效价为1：128。

接种O型口蹄疫灭活苗的猪群血清O型抗体效价达到1：128（或1：128以上）为免疫合格。

（五）注意事项

1. 为使您的检测获得正确结果，请您在检测前仔细阅读试剂盒内的说明书。

2. 严重溶血或严重污染的血清样品不宜检测，以免发生非特异性反应。

3. 勿使用90度和130度血凝板，以免误判结果。

4. 用过的血凝板应及时在水龙头下冲净血球，再用蒸馏水或去离子水冲洗2次，甩干水分放37℃恒温箱内干燥备用。检测用具应煮沸消毒，37℃干燥备用。

5. 每次检测只做一份阴性、阳性和稀释液对照。

三、口蹄疫感染与免疫鉴别诊断3ABC-I-ELISA操作方法

免疫接种是控制口蹄疫（FMD）的主要策略之一，但由于口蹄疫病毒株繁多，疫苗只产生有限的保护，且不能预防感染了口蹄疫病毒（FMDV）的动物成为病毒携带者。在疫区的免疫动物群中，有一定数量的动物因自然感染而成为病毒携带者，这些动物有可能短期排毒，形成持续性感染的病毒可在牛、羊体内长期存在。这些隐性感染动物不但可能引发新的疫情，还为病毒变异，产生新毒株提供了环境。而在采用疫苗的国家，大多数动物血清口蹄疫病毒结构蛋白抗体均为阳性，一些基于结构蛋白的诊断方法很难确定口蹄疫病毒感染与否。只有将感染动物和隐性带毒动物与疫苗免疫动物加以区分才能为口蹄疫的控制和消灭提供科学的依据。因而建立一种区分感染动物和免疫动物，检测隐性感染动物的诊断方法就成为口蹄疫防制技术的关键。

（一）鉴别感染与免疫动物的理论依据

目前利用的口蹄疫疫苗主要为灭活疫苗，弱毒疫苗已停止使用。疫苗生产工艺，在病毒纯化过程中可以去除绝大部分的非结构蛋白。灭活疫苗免疫动物后，动物体内不会有病毒增殖，因而也就没有病毒非结构蛋白表达，也就没有病毒非结构蛋白抗体

产生。而自然感染动物体内则有病毒增殖，在病毒的装配过程中有非结构蛋白的表达，就可刺激机体产生相应的抗体。因此可以利用非结构蛋白抗体区分感染动物和免疫动物。这就为建立检测隐性感染，区别免疫动物和感染动物的方法提供了理论依据。

但是在实际应用过程中，免疫动物确实能产生某些非结构蛋白抗体，如3D。而有些抗体，如2C，很快就下降到检测不到的水平。目前研究者一致认为，检测出非结构蛋白3AB和3ABC的抗体，是鉴别口蹄疫感染和免疫最可靠的指标。

（二）鉴别诊断技术的建立

由于非结构蛋白来源不同，所采用的检测方法也不同。目前检测方法包括：EITB，简化间接ELISA，单抗捕获ELISA，阻断ELISA等。根据目前的研究尚不能确定那一种方法更好，但兰州兽医研究所用大肠杆菌表达的抗原3ABC建立的间接ELISA方法具有很高的敏感性和特异性，且操作简单、耗时短。适合于活畜调运检疫、疫区净化检疫和群体无症状感染评价，区分感染和免疫动物。

（三）口蹄疫NSP 3ABC-I-ELISA操作程序

1. 器材准备（需用户自备）

（1）移液器：0.2~10微升移液器、5~50微升移液器、50~200微升移液器、50~300微升8或12道移液器各一把。

（2）移液枪尖若干。

（3）稀释血清用稀释板或eppendorf管。

（4）吸水纸。

2. 注意事项

（1）每块ELISA板上必须加上阴性和阳性对照。为了避免交叉污染，稀释每个样品时，必须换用新的枪尖和稀释管。

（2）待检样品、阴阳性对照和酶标抗体必须在使用前稀释，不能稀释得太早。

（3）加终止液的顺序和速度应与加底物的顺序和速度一致。

（4）待检血清样品数量较多时，应使用八或十二道微量移液器，从稀释板转移到反应板中，缩短加样时间。

（5）在加样的过程中，尽量避免产生气泡。

（6）血清稀释液和底物应平衡至室温应用。

（7）底物A在4℃条件下为凝固状态，应在37℃中熔化开后应用。

（8）底物作用时间到后，如果颜色较浅，可延长作用时间至30分钟。

（9）本试剂盒只能检测一种动物的血清样本，应分别订购检测牛、猪或羊血清的试剂盒，以测定不同动物来源的血清。

3. 试剂准备（需用户完成）

洗涤液（PBST）：将本试剂盒配备的25倍浓缩PBST用无离子水或蒸馏水做1：25稀释即可。

4. 操作步骤

（1）待检血清样品和阳性、阴性对照血清用血清稀释液1：21倍稀释（120微升血清稀释液加血清 6 微升），每孔加入 100 微升，阴、阳性对照血清样品平行加两孔，用封口膜封口，37℃结合 30 分钟。

（2）取掉封口膜，每孔加满洗涤液，洗涤 5 次，最后一次拍干。

（3）用血清稀释液按 1∶100 比例稀释酶标二抗，每孔加入 100 微升，用封口膜封口，37℃结合 30 分钟。

（4）取掉封口膜，每孔加满洗涤液，洗涤 5 次，最后一次拍干。

（5）将底物溶液 A 按 1∶50 比例稀释（缓慢滴加）至底物溶液 B 中，充分混合后每孔加入 100 微升，封口膜封口，37℃避光作用 10～15 分钟。

（6）每孔加入 . 100 微升终止液。

（7）轻轻摇振混匀，测定波长 450nm 吸光值（OD450 值）。

5. 结果计算及判定

（1）试验结果符合下列条件，方为有效：阳性对照平均 OD 值应大于 0.6；阴性对照平均 OD 值应小于 0.2。

（2）结果计算：待检血清及阳性和阴性对照各有两个结果，均需要计算平均值。样品的效价则为：（OD 样品 - OD 阴性） ÷ （OD 阳性 - OD 阴性）。

（3）结果判定：若效价 < 0.2，为阴性；效价在 0.2～0.3 之间为可疑；效价 > 0.3 为阳性。

通过大量试验证明，该方法敏感性很高，对感染动物而言，3ABC 抗体的检出率为 100%。另外，该方法对免疫动物的特异性在 97% 以上，对健康动物的特异性在 98% 以上。

附录10　规模养畜场口蹄疫环境控制技术规范

1. 适用范围

本规范规定了规模养畜场的场区环境、防疫环境、饲养环境、卫生环境标准。

本规范适用于规模养畜场的环境质量控制、监测、评估和管理。

2. 规范性引用文件

本标准引用下列文件中的条款作为本标准的条款。凡注日期的引用文件，其随后所有的修改（不包括勘误的内容）或修订版均不适用于本标准。凡不注日期的引用文件，其最新版本适用于本标准。

GB/T17824.1—1999 中、小型集约化养猪场建设

GB/T17824.3—1999 中、小型集约化养猪场设备

DB37/T305—2002 肉牛场建设标准

DB37/T308—2002 奶牛场建设标准

GB/T17823—1999 中、小型集约化养猪场兽医防疫工作规程

NY5031—2001 生猪饲养兽医防疫准则

NY5126—2002 肉牛饲养兽医防疫准则

NY5047—2001 奶牛饲养兽医防疫准则

NY5149—2002 肉羊饲养兽医防疫准则

NY5032—2001 生猪饲养饲料使用准则

NY5127—2002 肉牛饲养饲料使用准则

NY5048—2001 奶牛饲养饲料使用准则

NY5150—2002 肉羊饲养饲料使用准则

GB/T16764—2006 配合饲料企业卫生规范

GB13078—2001 饲料卫生标准

NY/T5033—2001 生猪饲养管理准则

NY/T5128—2002 肉牛饲养管理准则

NY/T5049—2001 奶牛饲养管理准则

NY/T5151—2002 肉羊饲养管理准则

NY/T388—1999 畜禽场环境质量标准

GB/T18596—2001 畜禽养殖业污染物排放标准

GB/T17824.4—1999 中、小型集约化养猪场环境参数及环境管理

GB18596—2001 畜禽养殖业污染物排放标准

GB16548—2006 病害动物和病害动物产品生物安全处理规程

NY/T388—1999 畜禽场环境质量标准

GB16548—2006 病害动物和病害动物产品生物安全处理规程

NY/T398—2000 农、畜、水污染监测技术规范

3. 场区环境

3.1 场址要求

3.1.1 场址需远离交通要道、闹市区和水源地，相距1 000米以上。

3.1.2 场址应地势平坦且有一定坡度，与其他养畜场相距1 500米以上，与屠宰场或畜产品加工厂相距2 000米以上。

3.1.3 场地总面积猪场按年出栏一头育肥猪2.5~4.0平方米计算，奶牛场按每头牛30~33平方米计算，肉牛场按每头牛18~20平方米计算。

3.2 场区建设

3.2.1 按夏季主风向布置，生产区处于生活管理区的下、侧风向，隔离舍、贮粪场和污水处理池等污染区处于生产区的下、侧风向。

3.2.2 生活管理区、生产区、污染区之间设围墙或建立绿化隔离带。

3.2.3 场区道路实现硬化，清洁道和污染道分开且互不交叉。

3.2.4 畜舍应南北向方位，坚固耐用，宽敞明亮，排水通畅，通风良好。

3.2.5 畜舍建筑要符合GB/T17824.1—1999、DB37/T305—2002和DB37/T308—2002要求。

4. 防疫环境

4.1 防疫设施

4.1.1 养畜场各种防疫设施设备应符合GB/T17823—1999 、NY5031—2001、NY5126—2002、NY5047—2001和NY5149—2002的规定要求。

4.1.2 生产区出入口设宽度与大门相同、长度大于进场车辆车轮一周半、深度能保证消毒液浸没车轮外缘，水泥结构的消毒池。各功能区之间设消毒室、消毒池、消毒盆、更衣室及相应设备。

4.1.3 生产区内的下风向处设隔离舍。

4.1.4 管理区设兽医化验室，按需求配备操作台、冰箱、高压灭菌器、化验器材、消毒器材、注射器等设备，备置疫苗、消毒剂、药物等常用防疫物品。

4.1.5 污染物处理区建废渣处理设施、污水处理设施、病害猪肉尸无害化处理设施。

4.1.6 场区、畜舍设防蝇、防蚊、防鼠等设施。

4.2 防疫管理

4.2.1 建立科学合理的口蹄疫免疫程序

4.2.1.1 区分畜群类型，按照农业部制定的口蹄疫免疫方案规定的程序进行免疫接种。

4.2.1.2 选用农业部批准使用、动物防疫机构供应的优质高效口蹄疫疫苗，参照说明书逐头逐只免疫注射，口蹄疫免疫密度保证100%。

4.2.1.3 建立完整的家畜口蹄疫免疫档案（包括免疫登记表、免疫证、免疫标识等）。

4.2.2 加强口蹄疫疫情监测

4.2.2.1 主动配合动物防疫监督机构，定期对口蹄疫已免疫畜群进行免疫水平监测，根据群体免疫水平随时加强口蹄疫免疫。

4.2.2.2 有计划地开展畜群的口蹄疫病原学监测，密切掌握疫源情况。检出病原学阳性时按国家有关规定处置。

4.2.2.3 加强口蹄疫疫情预警预测工作。依据免疫监测和病原学监测结果及本场状况和周边动物疫情动态等综合因素，分析口蹄疫疫情风险，及时加强疫情防控。

4.3 消毒管理

4.3.1 建立出入消毒制度。对进出场区的车辆、人员和物品要严格消毒。

4.3.2 建立场区内消毒制度。对场内环境坚持每周1次消毒，对畜舍走廊、饲养设施、设备用品等每周带畜消毒2次。

4.3.3 建立随时消毒制度。

饲养的家畜患病或死亡时，对其分泌物、排泄物或可能污染的场地、用具和物品进行彻底消毒。饲养的家畜转群前后，对其转入舍、转出舍进行带畜消毒。

4.4 兽医卫生管理

4.4.1 建立引进检疫隔离制度。坚持自繁自养原则，必须引种时，坚持从非口蹄疫疫区引进，并采取检疫、隔离、观察、及时免疫等防疫措施。

4.4.2 科学合理地进行畜群其他传染病的免疫、监测工作，防止畜群其他传染病的发生。做好对染病家畜的及时诊治、淘汰处理工作。

4.4.3 建立污染物处理制度。患病动物的排泄物、垫料、污水和病死动物尸体须经消毒、高压灭菌、焚烧等措施进行无害化处理，达到生物安全标准后方可排出饲养场外。

4.4.4 建立杀虫防蝇灭鼠制度。选用高效、安全、广谱的抗寄生虫药物，有计划地定期对畜群进行驱虫、杀虫；夏季做好防蝇灭卵工作；常年做好杀鼠灭鼠工作。

5. 饲养环境

5.1 饲养设施

5.1.1 养畜场所有饲养设施、设备的选型配套，须符合GB/T17824.3—1999、DB37/T305—2002和DB37/T308—2002的规定要求。

5.1.2 应尽量选用自动化程度较高的饲喂设备，以降低人为传播疫病危险。

5.1.3 各种畜舍必须按照要求设有通风、换气、保温和降温等设备。

5.1.4 养畜场所有饲养设施、设备，必须对畜无害，且易于清洗、耐受酸碱消毒剂。

5.2 饲料

5.2.1 各种饲料原料、饲料添加剂、粗饲料、成品饲料的购进和贮藏应符合 NY5032—2001、NY5127—2002、NY5048—2001 和 NY5150—2002 的规定。

5.2.2 本场自行加工饲料或饲料企业生产饲料的卫生规范均应符合 GB/T16764—2006 要求，饲料生产过程、卫生指标和添加剂使用规范应符合 NY5032—2001、NY5127—2002、NY5048—2001 和 NY5150—2002 的规定。

5.3 饲养管理

5.3.1 养畜场所养家畜的饲养管理应符合 NY/T5033—2001、NY/T5128—2002 NY/T5049—2001 和 NY/T5151—2002 的规定。

5.3.2 不准给家畜饲喂发霉变质的饲料；饲草类饲料饲喂前应铡短，扬弃泥土，清除异物，防止污染；根茎类饲料需清洗、切碎后饲喂，冬季防冻。

5.3.3 饲喂用具、料槽等应每天进行卫生清理；畜舍、运动场粪便、污物应专人每天清扫，集中到贮粪场。

5.3.4 畜舍应具备所养家畜适宜的温度、湿度、通风和光照条件。

5.3.5 养畜场内不得饲养其他家畜家禽，并防止其进入场区。

6. 卫生环境

6.1 空气卫生

养畜场空气环境质量应符合 NY/T388—1999 的要求。

6.2 饮水卫生

家畜饮用水质量应符合 NY5027—2001 的要求。

6.3 饲料卫生

饲养家畜使用的饲料、添加剂的卫生指标应符合 GB 13078—2001 的要求。

6.4 污染物处理

6.4.1 养畜场的污水、固体废物（粪便、垫料、废饲料等）、恶臭污染物的排放，不得超出 GB18596—2001 的规定。

6.4.2 粪便、猪舍垫料、废饲料等固体废物，集中到养畜场污染物处理区的专用水泥池堆放，经生物发酵、沼气制备或机械烘干等方法进行无害化处理达标后，用于肥田、养鱼等，实现废渣资源化综合利用。

6.4.3 畜舍排出的污水，通过污水管道收集到污染物处理区，经污水处理设施进行无害化处理达标后，用于农田灌溉等，实现综合利用。

6.4.4 病害动物肉尸处理：按照 GB16548—2006 的规定进行。

6.5 环境质量监测

6.5.1 监测频率及监测项目：养畜场定期进行环境监测，每年至少冬、夏季各进行一次。监测项目为场区及畜舍空气卫生、水污染物排放浓度、废渣无害化处理检测、恶臭污染物检测、土壤生物学卫生检测等。

6.5.2 监测样品采集及监测方法按照 NY/T398—2000、GB18596—2001 及 NY/T388—1999 的规定和要求进行。

附录11　规模养畜场口蹄疫综合防控技术规范

为进一步提高规模养畜场重大动物疫病防控技术水平，有效预防口蹄疫疫情发生，依据《中华人民共和国动物防疫法》，按照国家有关标准和口蹄疫防治技术规范等规范性文件要求，结合规模养畜场的实际情况，制定本规范。

1. 适用范围

本规范规定了规模养畜场口蹄疫综合防控中环境控制、管理措施、免疫接种、疫病监测、消毒措施、动物福利、废弃物处理、疫情报告等技术要求。

本规范适用于规模养畜场口蹄疫的预防和控制。

2. 环境控制

2.1　规模养畜场的选址，应距离居民区 1 000米以上；距离其他饲养场 1 500米以上；距离屠宰厂 2 000米以上。

2.2　养畜场应有围墙或防疫沟，围墙外建立绿化隔离带，场门口设有警示标志。

2.3　场内布局符合动物防疫要求，生产区与生活区分开，在生产区的下风向建隔离区，畜舍间距不少于 7 米。

2.4　净道与污道要分开不得有交叉。

2.5　具有健全的采光、通风、保温、隔热、防蚊蝇、防鼠和污物无害化处理设施设备。

2.6　奶牛运动场应有一定坡度，无积水。

2.7　猪场的展示厅和装畜台应设在生产区边，有专用出口。

2.8　奶牛场的挤奶厅应设在生产区和生活区的交界处。

3. 管理措施

3.1　制定并严格执行人员管理、饲养管理、卫生消毒、无害化处理等制度。

3.2　对所有牲畜建立防疫档案和生产档案。

3.3　建立完整的投入品使用记录、免疫记录、疫病诊疗和用药记录，并能整理归档。

3.4　场外人员及车辆不得随意进入生产区，工作人员进入生产区须严格消毒，更衣换鞋。

3.5　场区内不可饲养其他易感动物，不可开展对外诊疗和配种工作，不可带入可能染疫的其他畜产品。

3.6　养畜场应具有与动物饲养量相适应的专业兽医人员。

3.7　坚持自繁自养的原则，每圈（舍）实行全进全出制度，出栏后，畜舍要严格进行清扫、冲洗和消毒，并空圈14天以上方可进畜。

3.8　必须从外场引进种畜时，要确认产地为非疫区。引进后隔离饲养14天，进行观察、检疫、监测、免疫，确认为健康后方可并群饲养。

3.9　投入品的使用应符合国家有关规定。

4. 免疫接种

免疫接种是控制口蹄疫疫病发生最有效的手段之一，规模养畜场应根据本场特点和当地情况以及疫苗种类，制定免疫程序，实行程序化免疫。在做好口蹄疫免疫的同时，也要做好其他疫病的免疫。推荐以下免疫程序做参考。

4.1　规模养猪场

4.1.1　仔猪

15日龄：喘气病灭活苗或弱毒苗

20日龄：猪瘟脾淋苗

30日龄：仔猪副伤寒弱毒苗；喘气病灭活苗或弱毒苗

45日龄：口蹄疫灭活苗

60日龄：猪瘟、丹毒、肺疫三联苗

4.1.2　后备猪

公猪5月龄至配种前半个月：猪细小病毒弱毒疫苗；乙脑弱毒苗

母猪6月龄或配种前一个月：猪细小病毒弱毒疫苗；乙脑弱毒苗

5~7月龄：猪瘟、猪丹毒、猪肺疫三联苗

7月龄：口蹄疫灭活苗

4.1.3　可繁母猪

4月份、10月份各一次：喘气病灭活苗或弱毒苗

5月份、10月份各一次：口蹄疫灭活苗；猪瘟、丹毒、肺疫三联苗

配种前一个月：乙脑弱毒苗

产前40天：伪狂犬灭活苗

产前40天、15天各一次：仔猪大肠杆菌三价灭活苗（弱毒苗）

红痢疫区母猪，产前30天、15天各一次：仔猪红痢疫苗

冬季：猪传染性胃肠炎疫苗

4.1.4　种公猪

4月份、10月份各一次：喘气病灭活苗或弱毒苗、伪狂犬灭活苗

5月份、10月份各一次：口蹄疫灭活苗；猪瘟、丹毒、肺疫三联苗

冬季：猪传染性胃肠炎疫苗

4.2　规模养牛场

4.2.1　怀孕母牛

在距分娩前2个月进行口蹄疫疫苗接种。

4.2.2 犊牛

90日龄首免，间隔24天二免，隔4.5个月再免疫一次，以后是每隔5个月加强免疫一次。

4.2.3 调运牛

对调出区（县）的种用或其他非屠宰牛，如最后一次免疫超过3个月的，要在调运2周前进行一次口蹄疫强化免疫。

5. 疫病监测

5.1 免疫效果监测

5.1.1 监测的时间、频率和比例

牲畜免疫口蹄疫后21天检测一次，以后每月检测一次。对新购进的牲畜在并圈前，全部进行一次检测。每次采样比例1%～5%，不得少于15头份，每份样品量为5毫升。

5.1.2 检测方法

采用液相阻断ELSIA试验方法，或正向间接血凝试验。

5.1.3 检测结果处理

5.1.3.1 正向间接血凝试验，抗体效价$\geqslant 2^5$为免疫合格；液相阻断ELISA，抗体效价$\geqslant 2^6$为免疫合格。

5.1.3.2 畜群的群体免疫抗体合格率要达到85%以上。否则要及时进行补免。

5.1.3.3 新引进的牲畜凡是抗体效价$<2^5$的要全部进行补免。21天后再次检测，抗体效价$\geqslant 2^5$方能并群饲养。

5.1.3.4 对当月监测结果进行汇总、分析，并结合相关信息进行风险分析，做好预警预报。

5.2 病原学监测

5.2.1 监测的时间和频率

整个饲养场每季度采样检测1次。

5.2.2 采样要求

采集牲畜的咽喉棉拭子或血液样品，至少15头份。

5.2.3 监测方法

采用RT-PCR试验方法，或反向间接血凝试验。

5.2.4 监测结果处理

5.2.4.1 对病原学监测阳性的牲畜应立即进行扑杀，并作无害化处理，逐步进行口蹄疫的净化，同时上报当地动物疫病预防控制机构。

5.2.4.2 对每次监测结果进行分析，并结合相关信息进行风险分析，做好预警预报。

6. 消毒措施

6.1 消毒药品

口蹄疫病毒对酸、碱都敏感，可选用1% ~2%的氢氧化钠、30%热草木灰水或其他醛类、氧化剂类、双季胺盐类等消毒药品。消毒药品应交替使用，但更换频率不宜太高，以防相互间产生化学反应，影响消毒效果。

6.2　常用消毒设施

6.2.1　消毒池

规模饲养场门口及生活区到生产区的门口要设与大门等宽，长2.5米，深0.2米的消毒池，内置消毒液；畜舍门口要设宽1米，长0.5米，深0.2米的消毒池，内置消毒液。

6.2.2　消毒室

规模饲养场门口及生产区的门口要设消毒室，内设紫外线灯、更衣间、淋浴间等。

6.3　消毒范围

场区环境，畜舍地面及内外墙壁，饲养、饮水等用具，运输车辆、以及其他一切可能被污染的场所和设施设备。

6.4　消毒前的准备

消毒前必须清除污物、粪便、饲料、垫料等防碍消毒作用的有机物；备置喷雾器、火焰喷射枪、消毒车辆、消毒防护器械（如口罩、手套、防护靴等）、消毒液容器等。

6.5　消毒方法

金属设施设备的，可采取火焰、喷洒、薰蒸等方式消毒；畜舍、场地、车辆等，可采用消毒液清洗、喷洒等方式消毒；饲养、管理等人员可采取淋浴、消毒液洗手等方法消毒；衣、帽、鞋等可能被污染的物品，可采取消毒液浸泡、高压灭菌等方式消毒；办公、饲养人员的宿舍、公共食堂等场所及畜舍带畜消毒，可采用低毒、无刺激的消毒药品喷雾消毒。

6.6　日常消毒频率

办公场地每月消毒1 ~2次，生产场地每周消毒1次，畜舍每周消毒2次。

7. 动物福利

7.1　规模养畜场应为动物保持一个干燥、卫生、宽敞、舒适的圈舍环境。

7.2　动物日粮应具有足够的营养成分，且做到营养平衡。不使用发霉变质的饲草饲料。

7.3　每日提供足够的、温度适中的清洁饮水，水质应符合NY 5027—2001标准要求。

7.4　规模养畜场应保持一个合理的饲养密度，做到科学的饲养管理。

8. 废弃物处理

8.1　饲养场的污染饲料、垫料、粪便等，按GB7959的要求，采取堆积发酵方式处理。

8.2　污水采取分级沉淀池方式处理。

8.3　患传染病死亡的畜体，按GB16548—2006的规定处理。

8.4　非传染病死亡的畜体，要进行深埋，坑的深度不得少于 2 米，垫土不得少于 1.5 米。

9. 疫情报告

养畜场发现牛呆立流涎、猪卧地不起；家畜唇部、舌面、齿龈、鼻镜、蹄踵、蹄叉等部位出现水泡等症状，或幼畜出现大量死亡情况时，要立刻向当地政府兽医主管部门、动物疫控中心或动物卫生监督所报告。

附录 12　规模养殖场口蹄疫综合防控技术示范基地名录

规模场	通讯地址	联系人	电话	邮编
黑龙江农垦哈尔滨香坊农场奶牛场	黑龙江省哈尔滨市香坊区香福路 67 号	孙晓玉	0451－55102545	150038
八五一一农场完达山良种奶牛责任有限公司	黑龙江省密山市八五一一农场	王龙祥	0467－5085351	158307
牡丹江龙大股份有限公司奶牛场	黑龙江省牡丹江市爱民区东新荣街 79 号	高越龙	0453－6524866 转 2270	157007
北京三元绿荷奶牛养殖中心长阳四场	北京市房山区长阳镇稻田村南	刘　军	13701178868	102442
三元集团畜牧兽医总站	北京市朝阳区洼里乡仓营村南 6 号	陈华林	010－62916203	100107
北京华都种猪繁育有限责任公司	北京市怀柔区北房镇安各庄 464 号	李官兵	010－89615724－808	101407
北京华都种猪繁育有限责任公司西邵原种场	北京市密云县东绍渠镇西邵渠	张　龙	010－61061987	101501
北京华都种猪繁育有限责任公司银冶岭猪场	北京市密云县东绍渠镇银冶岭	徐　利	010－61061993	101501
北京华都种猪繁育有限责任公司卸甲山猪场	北京市密云县西田各庄镇卸甲山	高立升	010－61000130	101511
乐山市牧源种畜科技有限公司	四川省乐山市井研县马踏镇	刘　伟	0833－3862368	613006
四川蓝雁畜牧科技发展有限公司	四川省乐山市井研县千佛镇	李亚中	0833－3800848	603100
四川省阳坪种牛场	四川省眉山市洪雅县将军乡	方绍华	028－37496090	620360
四川新希望奶牛示范场	四川省眉山市洪雅县将军乡	杨鹏标	028－37497567	620360
四川新希望天然牧场	四川省眉山市洪雅县将军乡	刘建华	028－37497608	620360
常州康乐农牧有限公司	江苏省镇江市丹阳县司徒镇银光村	李卫东	0511－86800116	213149
南京天环食品（集团）有限公司顶山养猪场	江苏省南京市浦口区顶山镇	李保生	025－58866668	210032
南京奶业集团汤泉奶牛场	江苏省南京市浦口区汤泉镇	葛德强	025－58248858	210095

（续表）

规模场	通讯地址	联系人	电话	邮编
南京奶业集团淳化牧场	江苏省南京市江宁区淳化街道	李建忠	025－52296010	211123
江苏六合原种猪场	江苏省南京市六合区竹镇镇	瞿永前	025－57686750	211501
新疆生产建设兵团农一师一团奶牛场	新疆维吾尔自治区阿克苏地区柯坪县金银川镇	杨留生 帅春晓	0997－2318226	843008
新疆生产建设兵团农一师八团中心猪场	新疆维吾尔自治区阿克苏地区农一师八团	胡再谷	13999665755	843017
新疆生产建设兵团农一师八团奶牛养殖场	新疆维吾尔自治区阿克苏地区农一师八团	刘庆庆	13579132015	843017
新疆西部牧业良繁中心牛场	新疆维吾尔自治区石河子市西四路5号	范进江	0993－2264540	832000
广东大洋食品有限公司	广东省阳春市岗美镇黄村	／	／	529600
广州市天力畜牧有限公司	广州市番禺区化龙镇大观园旁	／	／	511400
广东省农业科学院良种猪育种中心	广州市白云区钟落潭镇长腰岭	／	／	510000
甘肃省皇城绵羊育种试验场	甘肃省肃南县皇城镇	李　伟	0936－6357199	734031

附　　图

图 1　黑龙江农垦哈尔滨香坊实验农场奶牛场场区

图 2　8511 农场完达山良种奶牛责任有限公司奶牛场牛舍及运动场

图 3　牡丹江龙大股份有限公司奶牛场采样监测工作

图 4　北京华都种猪繁育有限责任公司卸甲山猪场隔离墙

图5　四川省阳坪种牛场消毒池

图6　四川新希望华西公司示范牛场

图7　四川新希望华西公司示范牛场
消毒隔离通道

图8　常州市康乐农牧有限公司

图 9　南京奶业集团淳化牧场

图 10　六合原种猪场

图 11　南京奶业集团汤泉奶牛场

图 12　南京天环食品（集团）有限公司顶山养猪场

图 13　广东省农业科学院良种猪育种中心监控设备

图 14　新疆生产建设兵团农一师一团猪场猪舍

图 15　甘肃省皇城绵羊育种实验场放牧羊群

图 16　西北地区放牧羊群冬季舍饲